河北省科普专项
（项目编号：21550401K）

无线电简史

◎ 王枫　杨伟峰　编著

人民邮电出版社
北京

图书在版编目（CIP）数据

无线电简史 / 王枫，杨伟峰编著. -- 北京 : 人民邮电出版社，2024.5
ISBN 978-7-115-63688-1

Ⅰ. ①无… Ⅱ. ①王… ②杨… Ⅲ. ①无线电技术－技术史 Ⅳ. ①TN014

中国国家版本馆CIP数据核字(2024)第033119号

内 容 提 要

无线电是对无线电波的使用的通称。无线电波是在空间传播的电磁波。赫兹在1887年前后用实验证实了电磁波的存在，他就像盗火者普罗米修斯，把麦克斯韦预言的电磁波从书本中带到了人世间。人们开始研究如何利用电磁波进行通信，1895年前后，无线电技术诞生了。此后，无线电技术跨越百年时空，推动了现代科技的全面进步，抒写了人类文明演进的壮阔史诗。当前，无线电频谱作为一种特殊的自然资源和信息化无所不在的载体，正以澎湃的力量，支撑和保障车联网、5G/6G、卫星互联网等技术的快速发展，推动全行业的科技跃迁，赋予世界新的动能。本书通过讲述无线电发展史上的传奇故事，传播无线电科学和法规知识，加深读者对无线电的认识和了解，让我们共同感受无线电的惊天伟力。

◆ 编　　著　王　枫　杨伟峰
责任编辑　哈　爽
责任印制　马振武

◆ 人民邮电出版社出版发行　　北京市丰台区成寿寺路11号
邮编　100164　　电子邮件　315@ptpress.com.cn
网址　https://www.ptpress.com.cn
北京瑞禾彩色印刷有限公司印刷

◆ 开本：700×1000　1/16
印张：12.5　　2024年5月第1版
字数：132千字　　2024年5月北京第1次印刷

定价：89.80元

读者服务热线：(010) 53913866　印装质量热线：(010) 81055316
反盗版热线：(010) 81055315
广告经营许可证：京东市监广登字20170147号

序一

阅读完《无线电简史》初稿，我感觉值得推荐。

无线电发明至今才区区一百多年，只是历史长河中的短暂一瞬，却已经井喷式迸发出辉煌。今天无线电不但深深融入社会的每个角落，成为每一个现代人生活不可或缺的部分，而且已经把人类的探索和活动范围扩展到了浩瀚的宇宙空间。可以预见，明天无线电还将会在人类进步中继续发挥无法替代的作用。

作为一个想有效积极驾驭人生的现代人，了解无线电史，了解无线电每一步飞跃式的发展，并且从创造这种进步的先驱者的故事中探索出它的活力所在，是一桩十分有意义的事。要这样做，拥有全面和准确的无线电史料是最重要的基础，然而困难之处在于虽然迄今为止国内不乏有关无线电史的书籍和网站，但大多只是涉及特定应用、行业、技术分支或者特定时间区间的信息片段，其中不少还是经过多次转述改写的粗品。而这本《无线电简史》采用大量上游信息源，汇集了无线电从发明前夜到现代移动数据网络的整个时间跨度内所发生的重要事件及其背景和技术进阶的详尽史料，合成了一个丰富、完整和准确的资料集，不仅难得，也可以说是填补了一处空白。

《无线电简史》适合不同的读者群体。

对于广大青少年读者，这本书既是科普读物，又是励志读物。书中记述了无线电先驱者们在发明创造道路上的有趣故事，结合故事深入浅出地介绍了各种无线电基础知识，能够激发青少年对无线电科技的探索兴趣。其中很多故事生动地刻画了人们为把无线电技术推上一个新高度时所付出的艰辛劳动，以及面对挫折、失败和质疑时所表现出的百折不挠的坚忍毅力，可以在启发青少年树立远大志向和养成踏实作风方面产生强烈的感染力。

对于从事无线电开发和应用的专业人士及业余无线电爱好者，这本书是一本可以经常翻阅参考的案头百科书。现代无线电已经衍生出门类繁多的分支。专业人士通常聚焦于自己的领域，虽然在某些方面已经造诣精深，但不一定有机会接触所有的专业侧面。本书则为他们汇集了可以帮助其拓展横向视野的丰富资料。书中对各段无线电频谱中的常见专向或广播通信，以及水下、卫星、对流层散射和卫星余迹、导航等特殊通信方式，测向、雷达、定位等专门应用，干扰、欺骗、隐形、无人机对抗、电子战等包罗万象的技术和应用的缘起和发展过程给出了具体叙述，并就各种技术的相应需求、关键问题、解决方法乃至重要参数等做了很多详细展开，大部分读者可从中发现自己所需要补充的知识，获得对自己的工作有启发或借鉴意义的新营养。

对于从事无线电管理的专业工作者，这本书讲述了世界无线电管理体系的产生和发展历程，通过很多实例深入讲解无线电管理工作的意义及无线电管理与发展之间的关系。从另一角度看，无线电是一个高度专业化的大领域，无线电管理工作者通常需要面对多种无线电业务，只有全方位地深刻了解这些业务，才可能更好地完成本职工作，本书涵盖了无线电业务中的绝大部分，当然可以成为无线电管理工作者进一步积累业务基础的良师益友。

对于一般科技爱好者、军迷，以及好学的读者，本书也是值得一读的，每个人都可以从无线电史中总结出十分有益的思考题目、启示乃至哲理。

例如，细心阅读不难发现，很多无线电发明家和科学家的探索和创造之间存在着错综复杂的交集和联系，他们的所有伟大发现和发明都不是单枪匹马一蹴而成的，而都是学习、吸收同行的最新成就，登上最先进的起点，再从前人的先进思想和技术升华出的。马可尼如此，其他发明家也如此。这是否可以说明只有站在前人已有的先进制高点，创新才真正具有历史性的意义呢？

例如，故事中一些先驱者之间也存在着某些涉及自身利益的竞争或者其他因素造成的对立，但是最终被人们认可的成就只是他们互相合作叠加的部分。这是否意味着对于真正立志贡献人类的人来说，更应该选择争取合作、避免把智慧耗费在彼此竞争和互相排斥上呢？

又例如，无线电发明之后很快出现了行业乃至国家之间的利益矛盾，甚至达到互不相容的程度。但是人类的智慧催生了妥善解决的办法，很快形成了世界性无线电协调管理机制，大家坐下来制定统一的国际无线电法规，并转化成各自的国内法加以实施，维持世界无线电频谱运用的良好秩序。时至今日，即便无线电的每一步发展依然会带来群体之间的利益失衡和竞争，但世界各国的政府、企业等仍然组成代表团，到国际电联坐在一起，遵循无线电的这种特有机制开展合作和协调。是否可以从无线电史的故事中得出结论，建立在文明协商基础上的无线电管理是保障无线电在全球高速发展成功的一个要素呢？

总之，这本《无线电简史》向读者奉献了一满仓极有营养的信息“干料”，既专业又通俗，提供了一个足以全程审视无线电发展历程的观景台。这些“干料”不但包含着无线电的历史、知识、技术细节，而且隐藏着无线电技术井喷式发展所折射出来的人类进步奥秘和哲理，只是需要读者去发掘、吸收。

开卷有益。

无线电专家　陈平

2023 年 11 月

序二

无线电，这个词似乎变得越来越古老和遥远了。但事实上，无线电技术历经一百多年的发展和变迁，时至今日依然是世界上最活跃、最具生命力、应用最广泛的科学技术之一。无线电让人类摆脱了导线的束缚，实现了各式各样非接触式的信息交互、测量控制及能量传递。能够自由地传递信息和能量，是人类亘古至今的梦想，无线电则把这个梦想变为现实。

无论当前的5G乃至即将到来的6G移动通信如何发达，它们都基于无线电技术，基于电磁理论。电磁波的传播规律决定了无线电技术的应用和发展，人们开发无线电技术的过程也是对电磁波传播规律认识不断加深的过程。电磁波理论直接催生了无线电技术、雷达技术，甚至光电子学等。在这条路上，人们已经走出起点非常远了，现在确实值得回望一下来时的路。

电磁学是物理学的一个重要分支，它的建立和发展极大地推动了物理学理论的进步。麦克斯韦将电学、磁学和光学统一在一套理论框架下，较完整地描述了电磁场的特性和规律。这套理论的建立，使物理学从纯观察能源的机械课题，进展到研究自然界基本力的领域。电磁理论作为现代科学中最重要的基础理论之一，直接或间接地影响了大多数的现代科学，例如物理、天文、化学、生物等。电磁学对量子力学的诞生也有重要影响。黑体辐射实验的结果无法用经典的电磁理论来解释，这导致了普朗克的量子假设的提出，为量子力学的建立铺平了道路。同时，在量子电动力学中，电磁力是最基本的力之一，从这个角度理解，电磁学对现代科技的影响更加深远。本书在讲述无线电发展史的同时，也将电磁学的发展脉络进行了生动勾画，有利于读者从科学的本质和发展规律理解无线电技术。

电磁学为人类文明的发展做出了史无前例的重大贡献，它引发了第二次工业革命，并在第三次工业革命中发挥着重要作用，先后将人类带入了电气时代和信息时代。在当下的第四次工业革命中，无线电技术依然充满生命力，通过融合新一代信息通信技术，与工业互联网、星联网等为新型工业化全面赋能，为新质生产力发展提供巨大空间。无线电从诞生开始就吸引了各界的极大关注，马可尼首次跨越大西洋接收无线电信号的壮举轰动了世界，此后无线电成为世界各国争相发展的技术，并与国家战略和民族命运紧密结合起来。本书通过解析无线电的发展脉络，也把一百多年来的相关历史呈现给读者。这不仅是一本严谨的科普读物，还具有广阔的历史视角和深厚的人文情怀。

一切科学技术都是人的延伸。无线电作为“千里眼”和“顺风耳”，已经成为人们生活和工作中不可或缺的一部分。无线电的故事归根结底是人与人乃至国与国的故事。本书两位主要作者从事电子信息工程专业教学和无线电管理相关工作多年，热心科普事业，一直充满激情，十分难能可贵。这本书以无线电为主线把科学精神、人类梦想生动而精彩地交织在一起，文笔优美，引人入胜，值得细细品味。

科学技术史专家　方在庆

2023 年 11 月

前言 无线电这样走来

提起无线电，你可能会感到有些陌生、有些神秘。在今天这个信息化时代，地球被无线电波层层包裹着，人们居于其中，浑然不觉。尽管身边的无线电应用已经比比皆是，但人们却经常是“用而不知”。当你用手机上网、打电话时，当你刷身份证走进高铁候车厅时，当你驾车或乘飞机远行时……你是否知道，如果没有无线电技术，这些场景都不会实现。无线电让我们的生活和工作如此便利，无线电波已经像水和空气一样存在于我们身边，一刻不可或缺。

无线电技术于 1895 年初露端倪。1897 年，马可尼在英国率先开展无线电报的商业运营，于 1901 年年底实现了跨大西洋无线电通信实验。此后，就像开启了魔盒一发而不可收，对于无线电的研究突然间爆发式增长，无线电迅速在全球走红。各国争相开发无线电技术，无线电报系统开始被部署到商船和军舰上。进入 20 世纪后，科学技术突飞猛进，无线电以其强大的生命力和革新力，深刻影响着人类的文明进程，成为 20 世纪文明的重要标志。

从其发展蔓延、附着黏度、更新速度等特征来看，无线电技术传播迅速且不断升级换代，牢牢占据了多个领域的重要地位。它从未日渐式微，一直不断挑战、跨越自己的边界，绵延蓬勃地渗透到各行各业，朝着人们所希望的方向行进……从早期的无线电报、无线电话、无线广播，到后来和计算机技术融合成现代无线电通信技术，再到今天的5G、物联网、无人驾驶和星联网，无线电技术诞生120多年来，始终保持着其与生俱来的旺盛生命力和革新力。

国际电信联盟（ITU）定义的42种无线电业务，被广泛应用在广电、通信、铁路、交通、航空、航天、气象、渔业、科学研究、抢险救灾、新闻媒体及安全等各行各业。在满足各种场景应用需求的同时，无线电培育了众多的产业形态，深刻改变了人们的生活和生产方式，拓展了人们的科学视野，深刻影响了经济、文化、社会和国际秩序。

无线电不仅是一门技术，它还具有独特的资源属性。把承载无线电波的频率集合起来就组成了一种奇特的自然资源——无线电频谱。随着应用越来越广泛，这种看不见、摸不着的特殊资源成为一种宝贵的战略资源被各国高度重视。早在1959年，无线电频谱这种特殊资源的分配方式就成为美国著名经济学家科斯的研究课题。

无线电波更是一种传播媒介。人类文明史上的历次重大变革本质都是传播媒介的革新。造纸术发明后，记录文字的载体从石头、竹简、丝帛逐渐变成纸张，印刷术和印刷机的发明推进了文化的传播和文明进程。无线电通信和广播，彻底改变了人类的沟通和信息传播方式，无线电波使人类文明进程空前加速。

在近代科学诞生前，人类的活动基本上遵循“生产—技术—科学”的模式。人们凭经验进行生产，在重复漫长的生产过程中提炼出技术，然后在改进技术的过程中总结出科学规律。在这种由经验出发的探索过程中，人们走了不少弯路和错路，科学发展进程缓慢。比如，人们在劳动中发现了利用轮子和杠杆可以节省力气，随着轮子和杠杆应用场景的不断增加，就自然而然形成了工匠们制作相应装置的技术。再后来随着数学的发展，这些技术背后的力学原理被总结和提炼出来。牛顿的经典力学为第一次工业革命（蒸汽时代）打下了科学基础，也拉开了近代科学勃发的序幕。

法拉第、麦克斯韦、赫兹等科学家在电磁学的研究成果为特斯拉、马可尼、波波夫、布劳恩等人在交流电、无线电等领域的技术应用乃至第二次工业革命（电气时代）打下了理论基础。由理论引导技术，再落于生产，无线电技术的诞生和发展，在人类历史上成功踏出了“科学—技术—生产”这条新路。无线电波（电磁波的一部分）完全是在麦克斯韦电磁理论的预言引导下，经赫兹实验证实后，才投入工程应用的。谁也无法否认，在无线电技术诞生后，近代科学进入了史无前例的快车道。虽然讲述科学家故事的科普图书已非常普遍，但作者在总结归纳无线电科技的发展历史脉络时，将突出强调这条科学实践的新路径、新规律。

无线电技术的发展过程，见证了科学奇迹，经历了世事变迁，造就了英雄伟业，充满了很多引人入胜、惊心动魄、值得回味的故事。作者试图从浩瀚的无线电史料中，梳理出多条故事线索，力求客观生动地讲给大家。在讲述科学故事时，把时代背景作为重要的叙事铺垫，希望读者能够更深入地了解和体会科学人物所处的境遇，对关键节点的科学事件进行全景式体验，从史观角度思考品评。

本书以大致的时间先后顺序，通过不同的线索来推进故事叙述，围绕众多科学人物、公司、研究机构和实验室、学术期刊和大众媒体、行业学会和协会、国际会议和公约组织等主体，从科学创新、技术突破、专利权、市场规则和法律法规等不同的维度审视由无线电技术发展而产生的重大且深远的影响。

无线电属于电磁学，尽管它自成体系，但经与众多学科交叉融合，仍不断地向前发展。要讲清无线电的所有科学原理和技术细节，是项异常庞大且无法完成的工程。作者力求简单明了、扎实严谨，但恐怕只是尽力而为。科学认识是一个不断更新和突破的过程，由于受到资料、时间和作者水平的制约，本书难免出现失误和偏颇。即便如此，作者理应承担相应责任，敬请读者给予批评指正（作者邮箱：radiotrans@sina.com）。希望通过轻松愉快的阅读，读者可以从本书中得到一些思考和收获，引发对无线电的关注和兴趣。

本书获得了河北省创新能力提升计划科学普及专项（项目编号：21550401K）的支持，在此表示感谢。除河北科技师范学院的本书课题组成员之外，马岩、刘景峰也为本书提供了重要支持，同时，本书的出版也离不开人民邮电出版社的哈爽、张毓、马宏伟等编辑的努力，一并表示感谢。

作者

2023 年 11 月

目录

第一章 跨越大西洋

无线电波首次跨越大西洋成功通信的实验在无线电发展史上是一个重要而传奇的标志性事件。此后，无线电跨洋过海连接世界，成为各国争相发展的技术。这次实验突破了当时的科学认识，引起了深刻的科学探索，并陆续取得了一连串的重大科学收获。我们以此为故事的关键节点，梳理无线电的发展脉络。

1. 时间：平凡冬日的午后

1901 年 12 月 12 日下午，当北大西洋的寒风掠过北美洲东北部纽芬兰岛上居民们的头顶时，人们不会觉察到这个安静的冬日有何异常。在这个平凡的午后，岛上发生了一件科学史上的大事。多年后，这个故事被陆续改编成小说和剧本，出现在图书、舞台、广播、荧屏乃至互联网上，被人们热情地庆祝纪念。客观地说，这件事及由它引发的一连串事件，历经 120 多年直到今天，依然在深刻地改变着世界，影响着我们每一个人。

纽芬兰岛地处两个标准时区之间，比格林尼治时（世界时，

Universal Time）晚三个半小时，比纽约时间早一个半小时。纽芬兰岛沿岸是西北大西洋渔场的中心，这里盛产鳕鱼。从 16 世纪开始，岛上的渔民把捕获来的大量鳕鱼晾成鱼干运往欧洲，这种耐保存又便宜的高蛋白食品逐渐成为纽芬兰与欧洲贸易中最重要的商品。

纽芬兰与欧洲的联系不只是鳕鱼。纽芬兰岛面向大西洋，与爱尔兰隔洋相望。岛上最大的城市圣约翰斯（St. John's）处于北大西洋航路要冲，是北美洲最东端的城市，也是从欧洲渡洋而来踏访北美大陆的首站，英法两国为争夺北美殖民地曾在此进行过激烈斗争。自 1583 年开始，纽芬兰成为英国的殖民地，其间曾被英国与法国交替占领。随着大英帝国殖民地制度的衰落，纽芬兰在 1907 年成为自治领。1949 年纽芬兰放弃自治加入了加拿大。

2. 地点：开阔的战略要地

在圣约翰斯市郊东北部港湾入口处有一处临海高地，站在这里迎着大西洋的烈风可俯瞰这座城市的全貌。这处依城望海的战略要地，见证了两件改变世界的重大事件。第一件发生在 1762 年，威廉·阿姆赫斯特（William Amherst）将军率领的英军在这里战胜了法军，结束了历时 7 年的英法战争。这次战役使英国赢得了最终胜利，决定了纽芬兰的命运走向，确立了英国在北美的统治地位。从此，英国成为了海外殖民地霸主，迈向“日不落帝国”的传奇。由于此地登高望远，战时用来观察敌情并传递信息，威廉将军将这里命名为信号山（Signal Hill）。

在英法战争结束135年后，为了纪念维多利亚女王（Alexandrina Victoria，1837—1901年在位）即位60周年及约翰·卡伯特（John Cabot，意大利航海家，1497年受英王亨利七世委托出海航行发现北美大陆）航海至此400周年，信号山上建起了一座石塔，名为卡伯特塔（Cabot Tower）。建成100多年来，这座石塔成为了圣约翰斯的著名历史古迹和城市地标。在信号山上发生的第二件改变世界的事件，也在这里被隆重纪念。如今，这座石塔的二楼是此故事的展览馆，一楼则是旅游纪念品商店。

如今圣约翰斯信号山上的卡伯特塔

故事的落脚点选在此地，以及主人公在这里登场，不仅因为这里是著名的历史遗址，是北美洲距欧洲大陆的最近点，或许还与“信号山”的名字有关。

3. 人物：到英国发展的意大利青年

本章故事的主角伽利尔摩·马可尼（Guglielmo Marconi，1874—1937）出生于意大利博洛尼亚一个富有的家庭。他母亲是爱尔兰人，其詹姆森家族在爱尔兰以经营威士忌和谷物著称。

德国物理学家赫兹在 1886 年至 1889 年间用实验证实了电磁波的存在。他利用感应线圈振荡放电，通过金属线圈在金属装置的间隙产生火花，同时他在房间内另一个相似的金属装置的间隙发现了感应而来的电火花。赫兹发现的电磁波点燃了年轻的马可尼为之奋斗一生的梦想。1894 年，马可尼开始在家中的阁楼里做起了实验，利用无线电波实现了电报的发送与接收，并逐渐把收发距离扩大。

当时马可尼的设备基本上和赫兹的实验装置相似，叫作火花式发报机。它利用一个带有铁芯的线圈产生高频交流电，然后通过一个金属间隙放电，从而产生电磁波，这种电磁波就是无线电波。无线电波和红外线、可见光、紫外线、X 射线及 γ 射线（伽马射线）一样，都是电磁波大家庭中的成员。

高压变压器将电源提供的低电压升高到几千伏，以驱动线圈产生高频交流电。线圈中带有铁芯，可以增强电磁场的强度。间隙是指两个金属接触面之间的空气间隔，当电压达到一定值时会在间隙产生放电现象，从而产生无线电波。电源则提供电能，驱动火花式发报机工作。当时城市供电网刚起步，电源主要是利用铅酸蓄电池把化学能转为电能输出。火花式发报机由于存在频率不稳定、噪声干扰大等缺陷，早已被后来新型的无线电设备所取代，但它仍具有重要的历史意义。

为了融资并推广自己的无线电报系统，1896 年 2 月，他随母亲来到英国发展。这位当时不足 22 岁的意大利小伙子在家族的支持下，开始在伦敦这座当时世界上最国际化的城市推进自己的目标。他不断在电气、通信工程技术领域广为交游，为自己积累业界声望，丰满羽翼。

马可尼的表兄（比他年长 20 岁）亨利·詹姆森·戴维斯（Henry Jameson Davis）是一位身出名门的爱尔兰铣床工程师，已在伦敦经营多年，具有金融和专利权方面的独到经验。马可尼刚到伦敦，戴维斯就安排他会见了英国顶尖的专利代理机构卡普梅尔公司（Carpmael Company），开始着手申报和保护相关专利，为公司日后应对复杂的专利竞争和诉讼事务打下基础。

1896 年 3 月 5 日，马可尼到达英国仅 1 个月就向专利局提交了一份临时专利说明书。按照当时英国的专利制度，这种临时的说明书不但主张权利，还起到抢先占位的作用，申请人可以在提交后的 9 个月内对自己的发明进行完善。如果有其他相同的声明参与专利竞争，首次填写申请的日期则至关重要。在高人们的指点下，马可尼抢跑成功，赢得先机。

随后，在一名电气工程师的引荐下，马可尼拜访了 62 岁的英国邮政总局总工程师威廉·普利斯（William Preece）。他是英国公众通信领域的资深权威人士，也是著名的公众人物。出于对无线电通信的兴趣及对马可尼的喜爱和欣赏，他为马可尼的实验提供了场地和人手，但并没有提供资金支持。普利斯组织无线电实验向各界权威人士展示，通过观看演示，英国皇家海军一位名叫亨利·布拉德瓦·杰克逊（Henry Bradwardine Jackson，1855—1929）的高级军官成了马可尼的支持者。此人日后推动了实用化舰对舰无线电通信系统的部署，成为世界上最早把无线电装备在军舰上的军官之一。

到访英国 16 个月后，1897 年 6 月 28 日，马可尼回到罗马。7 月 2 日，他为意大利海军部演示了无线电通信。7 月 6 日，他在奎里纳尔宫（Quirinal Palace）为意大利国王和王后演示了自己的发明。这次行程奠定了马可尼与意大利官方之间毕生的联系。意大利成为第一个采纳马可尼设备的国家，成为他公司第一个客户。

4. 基础：电波不断向远方延伸

1897 年 5 月 13 日，马可尼在英格兰西南部和威尔士南部之间的布里斯托尔海峡（Bristol Channel），利用海边悬崖增加收发天线的高度，使无线电通信距离超过 19km，创造了当时最远的海面无线电通信纪录。这次测试的见证者除了英国邮政总局的工程师，还有普利斯邀请到的德意志皇帝威廉二世的科学顾问阿道夫·斯拉比（1849—1913，斯拉比与其学生阿尔科（1869—1940）是德国 AEG 公司创始人）。之后，普利斯在皇家科学院（Royal Institution，1897 年 6 月 4 日）和英国皇家学会（The Royal Society，1897 年 6 月 16 日）

1897 年 5 月 13 日，英国布里斯托尔港附近的 Flat Holm 岛，
英国邮政总局的工程师在无线电通信测试中查看马可尼的无线电设备

的高规格讲座上公开宣传马可尼的成果。

1897 年 7 月 2 日，马可尼在提交完整的专利书 4 个月后，获得了英国的专利权。1898 年 6 月，马可尼获得了首个调谐电路的专利，后来又在 1899 年和 1900 年获得了第二、第三个专利。他于 1900 年 4 月 26 日提交的“主专利权”的临时说明书有一个非常好记的编号“7777”。这个著名的“四七”专利使无线电技术得以与有线电报竞争，它的有效性最终获得了英国、美国和法国法院的认可。

5. 突破：跨越英吉利海峡

1899 年 3 月 27 日，马可尼不负众望，成功让无线电信号跨越了 50km 的英吉利海峡，从法国北部的维姆勒（Wimereux）向英国的南福尔兰角灯塔（South Foreland Lighthouse）发送了一条消息。

消息的内容是向法国物理学家爱德华·布朗利(Braolley Edouard, 1844—1940)先生致敬。这也是无线电信号的首次国际传输。

在无线电技术起初的10年间,最重要的新发明是信号接收端的“检波器”取代了赫兹实验用的“共鸣器”(第二章将详细讲述赫兹实验内容),而信号的发射端在原理上并没有什么重大突破。布朗利发明了带有小铁锤并装有金属屑的玻璃管检波器,被称作布朗利管。

当时马可尼的无线电接收机由继电器、布朗利管、莫尔斯电码(Morse Code)接收机和电源组成。它的工作原理是这样的:当电波到达布朗利管后,就会使粉屑管的电阻减小,一组电路闭合,继电器内的电磁铁就会吸引铁片,从而使另一组电路闭合,莫尔斯电码接收机就会印出莫尔斯电码了。同时,电磁铁会吸引小锤敲击粉屑管,使管内已经聚集的粉屑疏松开来,等待接收下一个信号。发射机压键时间的长短决定接收机印的是“点”,还是“划”,点和划组合在一起就是莫尔斯电码。

值得一提的是,当时清政府驻英公使馆参赞张德彝也就此次跨洋无线电通信留下了记录。19世纪60年代到80年代,清政府一直抵触引进有线电报,但后来对无线电报的反应却很积极。1899年年初,清政府购买了几部马可尼火花式无线电报机,安装在广州两广总督署和马口、威远等要塞及南洋舰队各舰艇上,供远程军事指挥之用。所以,中国的无线电报的最早应用几乎与欧美同步。

6. 公司的成立和运营

1897 年 7 月 20 日，在戴维斯的全面帮助和参与下，英国首家专门制造无线电器材的公司——马可尼无线电报与信号公司成立了。马可尼将自己的专利权转让给公司，并得到 15000 英镑的现金及 60% 的股份（公司共 10 万股，马可尼拥有 6 万股，每股面值 1 英镑）。戴维斯担任了公司的首任总经理，并成为占股仅次于马可尼的第二大股东。11 月，41 岁的乔治·坎普（George Kemp，1857—1932）辞去邮政总局的工作加入马可尼无线电报与信号公司。坎普是少数几个可以随时见到马可尼并表达自己想法的人，他直至 75 岁去世前，一直在这个公司工作。

这是第一部关于无线电的无声电影中的场景。乔治·坎普（右）手放在火花隙发射器旁边的"蚱蜢"电键上。马可尼（左）正在读取莫尔斯电码寄存器（打印机）纸带上的记录（Biograph Company, 1902）

1900 年，由国际资本组成的两家以马可尼命名的公司在营业：一个是马可尼无线电报与信号公司，另一个是马可尼国际海洋通信公司。当时新兴的工业体系已经建立起来，刚好有足够的客户来维持无线网络的运行。其中最大的订单来自于英国皇家海军，马可尼为 28 艘军舰和 4 个陆上通信站安装了无线电设备。

7. 丰富的美国之行

1899 年 9 月，马可尼受邀到美国用他的无线电系统报道美洲杯帆船赛，把比赛现场的消息传送给《纽约先驱报》的记者。这是无线电第一次被运用到体育赛事的尝试。这次美国之行，他见到两个重要的人物。

第一位是当时华尔街很有权势的人，约翰·皮尔庞特·摩根（John Pierpont Morgan，1837—1913）。作为一名狂热的帆船运动爱好者，摩根在这次帆船赛期间开始了解无线技术。他当时是纽约帆船俱乐部的会长，也是卫冕帆船“哥伦比亚号”的首席赞助人。比赛之前，摩根伦敦分公司的代表接触了马可尼公司的董事，提出以 20 万英镑购买马可尼的美国专利，但双方没有谈拢。后来摩根公司投资了马可尼的竞争对手尼古拉·特斯拉（Nikola Tesla，1856—1943，塞尔维亚裔美籍发明家、电气工程师）。

第二位是当时名不见经传，但日后对无线电技术做出巨大贡献的李·德·福雷斯特（Lee de Forest，1873—1961，美国发明家，真空三极管之父）。福雷斯特本来是特斯拉的超级粉丝，想追随特斯拉工作，但被拒绝了。帆船赛这一天，福雷斯特早早地来到现场进行观摩。无线电演示结束后，他从人群中挤到发报机前，看到一个装着银灰色粉末的玻璃管（布朗利管）。他问马可尼，这应该就是金属屑检波器吧？马可尼点点头。这位谦虚的耶鲁大学博士向马可尼介绍自己是个业余无线电爱好者。马可尼机敏地说："我也是一个业余无线电爱好者。"马可尼告诉他，要提高接收机灵敏度的关键难题就是这个玻璃管检波器。马可尼的话给福雷斯特留下了深刻的印象，从此他下决心从事检波器的研究。

8. 尴尬的经营处境

马可尼公司的业务看起来发展很快，但事实上，公司依然没有实现大规模盈利。叫好不叫座的原因主要归于当时通信行业的经营环境。英国邮政总局是帮助马可尼起步的贵人，但在一定程度上也是他公司的竞争对手。

虽然起初的无线电通信实验都是在陆地上开展的，但无线电技术的商业化运作却是从海上开始的。岸与船之间，船与船之间的即时通信需求使新兴的无线电技术有了用武之地。这并不意味着陆地上的通信不需要无线电，而是因为在当时有线电报业务已经占据了陆地上的通信经营许可权，不允许无线电报抢有线电报的饭碗。

英国邮政总局出于对电报业的垄断，不仅阻断了马可尼公司在英格兰沿海区域建成的无线电站点与内陆通信站的通联，也阻止这些沿海无线电站点间彼此联系。出于商业利益的考量，邮政总局只允许无线电报公司与 3 海里（约为 5.6km）外的轮船联系。

注：3 海里源于中世纪欧洲的领海规定。3 海里约为当时一个大炮的射程，因此被认为是一个国家对其海岸线实际控制力所及之区域。这个规定从 17 世纪中期开始被广泛接受，18 世纪被纳入多个国际公约。后来，随着海洋资源的开发和利用不断升级，许多国家开始主张扩大领海范围。1982 年，《联合国海洋法公约》（UNCLOS）规定沿海国的领海范围应不超过 12 海里（约为 22.2km），并沿用至今。

1898 年 1 月，一个意外事件给了马可尼向公众展示无线电报的机会。英国前首相威廉·尤尔特·格莱斯顿（William Ewart Gladstone，1809—1898）前往伯恩茅斯（Bournemouth，位于英格兰西南部）治病，一群报社记者追随前往。但一场暴雪压垮了电报线路，于是马可尼临时架起了从伯恩茅斯到尼尔德斯（Needles）的无线电报收发站点，把消息传到有线电报站点，使关于格莱斯顿健康的报道及时传到伦敦。媒体顺便对马可尼进行了正面宣传。领略到媒体的力量之后，他开始有意识地结交报社的朋友。这条线路也为随后发生的一个标志性事件打下了基础。

1898 年 6 月，英国著名的科学家开尔文男爵——威廉·汤姆森（William Thomson，1824—1907，跨大西洋电缆工程的总工程师）亲自到访尼尔德斯，他通过无线电报经由伯恩茅斯向格拉斯哥（Glasgow，苏格兰最大的城市）的同事送去问候。他对此深受感动，坚持要为这项服务象征性地付费 1 先令（20 先令等于 1 英镑）。马可尼受宠若惊，得以一直对外宣称：1898 年 6 月 3 日，他从尼尔德斯酒店向伯恩茅斯发送了世界上第一份付费无线电报。开尔文这次善意的（撑腰式的）举动无意间挑战了邮政总局对内陆电报业务的垄断权，但对马可尼公司的业务来说仅具有象征意义而无实质作用。

1901 年，英国老牌的财团劳埃德（Lloyd's）公司眼光独到，率先与马可尼国际海洋通信公司全面签署合作协议，在海上发展商业无线电报系统。无线电报开始在海上传递商业信息，让商船之间及商船与海岸之间的即时通信成为现实。

截至 1901 年，马可尼公司已在英格兰和爱尔兰建成 8 个站点，负责英国政府的 32 艘船和通信站之间的通信运行。公司在法国、比利时和德国也设有通信站，并且数家私营轮船公司，以及比利时、意大利海军的舰船上都有马可尼公司的设备在运行。公司也把触角延伸至英属北美地区和英属哥伦比亚的业务。在美国，马可尼公司忙于 1901 年美洲杯帆船赛的新闻报道，运营波士顿和纽约之间往来船只的通信；一家印度公司正积极申请成为马可尼公司的代理；公司与劳埃德公司商讨在苏伊士运河（Suez Canal）上建造两个通信站点……马可尼的公司几乎成为当时世界上发展最快的通信公司了。

但这些业务收入无法支撑马可尼公司高额的建站布点费用和日常运营的支出，陷入窘境的马可尼必须寻求更大的突破来为公司的发展创造机会。他选定了一个人们不敢想象的，足以令全世界瞩目和震惊的目标。

9. 媒体关注的明星

1897 年 7 月，马可尼在意大利期间，英国新闻界对他的热捧达到新的高度。《电气评论》《每日纪事报》《环球报》《早报》《每日邮报》都在热情地赞颂这位年轻的意大利天才工程师。新兴而时髦的无线电技术毫无疑问成为了当时最高科技、最具想象力的代表。在社会精英们的关注下，金融市场的资金开始涌向马可尼公司的股票。不仅限于英国，马可尼也成了各国媒体争相报道的对象，他已经成为一个耀眼十足的国际明星。

马可尼早期被各大媒体广泛传播的工作照片

风华正茂的马可尼对已取得的成就和个人影响力并不满足，为了公司的盈利和长足发展，他在谋划一件石破天惊的大事。1901年6月，公司在爱尔兰最南端的科克（Cork）郡西部的克鲁克黑文（Crookhaven）新建了一座通信站。10月，信号从英格兰西南部康沃尔郡（Cornwall）的波尔杜站（Poldhu）跨越约360km的海峡成功传到了爱尔兰南端的克鲁克黑文站。又一次刷新了纪录！马可尼由此相信自己已为那件“大事”做好了准备。

当《纽约先驱报》的记者听闻马可尼计划前往纽芬兰用气球进行实验时，坊间出现了一些猜测。作为重点关注对象，不管马可尼说什么，媒体都会报道。他故意放出消息说这是计划与距纽芬兰雷斯海角（Cape Race）483km 的一处大浅滩上的渔船进行通信，这确实已经具有很强的新闻性，足够媒体们兴奋了。他还告诉《利物浦商报》："为了帮助即将入港的船舶更快地与大陆建立联系，公司将沿着纽芬兰南岸建立通信站。"这的确不算假话（马可尼公司于 1904 年在雷斯海角建成了无线电报站，这座通信站在 1912 年泰坦尼克号沉没后的新闻报道中发挥了重要作用），但这绝对不是他当时的真实目标。

10. 目标：横跨大西洋

所有的准备工作都是小心谨慎、秘而不宣的，马可尼不想让此次的风险和可能的失败破坏他在业界和资本界积累的声誉。从 1901 年开始，马可尼下定决心把大多数的精力和公司可以动用的全部资金 5 万英镑（这是公司成立最初 4 年的专利费收益总额的 4 倍）投入跨大西洋无线电通信的事业中。

他做通董事会的工作，以 500 英镑的高额年薪（和马可尼的年薪一样，相当于今天的 4 万英镑）聘请了伦敦大学著名的电气工程教授约翰·安布罗斯·弗莱明（John Ambrose Fleming，1849—1945）作为公司的科学顾问，在英格兰西南部康沃尔郡的波尔杜酒店旁边建设通信站，在那里设计和测试发射跨越大西洋信号的设备。马克尼还额外允诺：如果信号成功穿越大西洋，除了公司给的固定年薪，自己还将向弗莱明转让500股马可尼公司的股份。附加条件是：“如果成功跨越大西洋，主要荣誉将会并且必须永远属于马可尼。”

马可尼坚信无线电波绝对有可能穿越大西洋，但是他不知道如何在工程上实现，弗莱明能找到实施的办法。马可尼是公司最大的资产，也是公司的招牌。只有像马可尼公司这样的组织，才能支持这样的冒险行为。历史学家们一致认为这件事取得成功，弗莱明起到了决定性的技术支撑作用，然而主要荣誉永远是马可尼的。

与弗莱明的关系很好地证明了马可尼知人善任的天赋。弗莱明一直为公司效力到1931年，他将自己在提升无线电报技术方面的所有专利权送给公司，其中最重要的是他于1904年发明的真空管，它奠定了无线广播的基础（详见第六章内容）。

马可尼忠诚的助手乔治·坎普负责在建筑周围竖起一系列木制桅杆，以承载一个巨大的蜘蛛网状的天线，还雇用了不少当地人和马匹来干力气活。弗莱明设计了一个带有25kW交流发电机、20kV变压器和高压电容器组成的发射器，能够产生约2.5cm长的火花，这已经相当强悍了。发电机组和发射器的功率，应该是当时的世界之最了，这套电台的发射指标远超其他设备。

11. 启程：面对挫折选择坚持

1901年9月17日，波尔杜通信站遭遇了严重的暴风雨袭击，20根61m高的桅杆整体倒下，严重破坏了发射系统的天线。为了不影响计划实施，马可尼决定临时竖立起两根49m高的桅杆来支撑天线。

在大西洋对岸的纽芬兰，经过多次勘察选址并综合各种考量，马可尼决定暂时不在雷斯海角正式建站，而是用风筝或气球取代固定的桅杆，临时搭建一套接收装置。仅是实验不是商业运营就不会违反当地的法规了。

波尔杜通信站的桅杆被风吹倒前后的对照

注：之所以在1904年才建设雷斯海角无线电通信站，主要是因为之前铺设大西洋电报电缆的大西洋电报公司在纽芬兰享有1854年至1904年共50年的电报通信垄断特权。

11月22日，马可尼给波尔杜通信站下达了发射信号的操作指令：当收到公司伦敦办公室发来的电报后，在格林尼治时的下午3时至6时，持

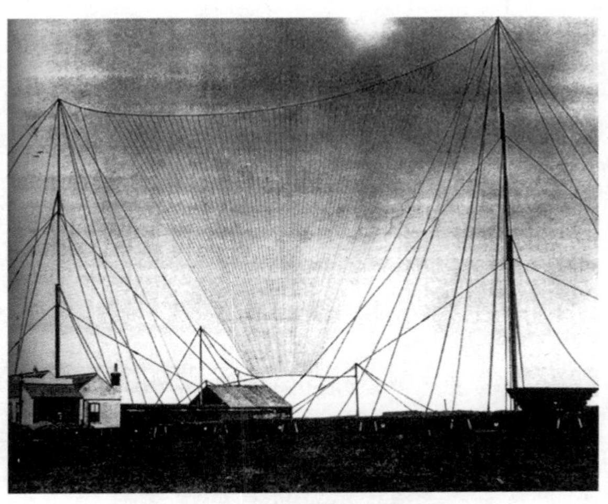

波尔杜通信站受损后临时搭建的天线

续发送简单的莫尔斯电码“S”，即“· · ·”。每天（周日除外）执行这样相同的程序，直到收到停止的通知。

1901 年 11 月 26 日，马可尼带着坎普和另一位助理佩吉特（P.W.Paget），还有两吨重的铁制调谐设备和几大缸硫酸，搭乘艾伦公司（Allan）的迦太基号（Carthaginian）从利物浦港驶向纽芬兰的圣约翰斯港。

12. 禁锢：这不符合常理

在此次横穿北大西洋的航海旅途中，马可尼肯定心怀忐忑。当时绝大多数的理论物理学家认为跨越大西洋传送无线电信号是不可能实现的。大家认为电波像光一样沿直线向外辐射，不会绕着地球的曲率行进。即便信号再强，发射出去的电磁波也会沿着地球的切线射向宇宙，而不会落到数千米之外。

技术专家总是重点考虑科学发现的实际功用，科学家则专注于自然奥秘本身，而对其功用不太感兴趣。就连赫兹本人在完成著名的电磁波验证实验后，也认为这并没有什么实际用途。1889 年年底，德国一位电学技术专家和工程师霍布尔（Huber）给赫兹的信中提到了用电磁波（当时称作“赫兹波”）进行通信的设想。可赫兹的回信让他大失所望，赫兹认为如果要用电磁波进行远距离通信，起码得有一面像欧洲大陆那么大的巨型凹面反射镜才行，而且还要把它挂到很高的地方。这个答复实际上否定了霍布尔的设想。赫兹的答复是经过计算的，这面大镜子是考虑到当时人工所能生成的电磁波的波长。据换算，赫兹实验所产生的电磁波的频率应为 60~500MHz，相应波长为 60cm~5m。

今天，我们不能嘲笑任何人，以当时的认知水平和理论高度，人们确实无法正确判断这一点。比起科学家思维，马可尼更具备的是企业家思维，让他愿意相信电磁波会围绕地球曲率传播，一意孤行进行跨大西洋无线电通信疯狂实验的，终究是这件事背后的巨大商业价值！或许马可尼的真正老师是历经挫折铺设跨大西洋电报电缆的美国企业家塞勒斯·韦斯特·菲尔德（Cyrus West Field，1819—1892）。

13. 动因：巨大商业价值的吸引

19 世纪中后期，随着大英帝国鼎盛的维多利亚女王时代落幕，美洲大陆开始崛起，世界中心开始从英国向美国转移。从英法等欧洲各国到北美大陆的商船频繁往返于大西洋东西两岸之间。当时的轮船在大西洋东西两岸的单程航行需要 10 天左右，两岸及时通信十分必要，跨大西洋通信业务商机巨大。

不论是 19 世纪 60 年代的大西洋电缆电报，还是 20 世纪 90 年代的互联网，抑或是今天的人工智能对话工具 ChatGPT，任何新技术从理论基础、实验成功、工程应用，到最终取得商业价值都需要经过人们的摸索和努力。

1854 年 1 月，加拿大工程师弗雷德里克·牛顿·吉斯本（Frederick Newton Gisborne）与美国大富豪菲尔德取得联系，提议在纽芬兰岛圣约翰斯和纽约之间建立一条电报线路。同年晚些时候，他与彼得·库珀（Peter Cooper）、亚伯兰·史蒂文斯·休伊特（Abram Stevens Hewitt）、摩西·泰勒（Moses Taylor）和塞缪尔·莫尔斯（Samuel F.B. Morse）一道，加入了由企业家、投资者和工程师组成的所谓“电缆内阁”(Cable Cabinet)。第二年，这些投资者成立了美国电报公司（American Telegraph Company），并开始收购其他公司进行整合。

1857 年，菲尔德组建的大西洋电报公司（Atlantic Telegraph Company）在英国获得融资并得到美英两国政府的支持后，开始铺设第一条横跨大西洋的电报电缆。电缆两端的爱尔兰和纽芬兰相隔约 3200km，是欧美大陆的最短距离，这之间有一个浅层海底平台利于铺设电缆。工程先失败了两次，电缆在船只运输途中突然断裂而丢失。1858 年 8 月 4 日，第三次尝试终于成功。

1895 年 5 月，美国著名肖像画家丹尼尔·亨廷顿（Daniel Huntington）为纽约州商会绘制的作品《大西洋电缆的计划者》（右二为 Cyrus West Field）。纽约州立博物馆收藏，画布尺寸为 87 英寸 × 108.25 英寸（约为 2.21m × 2.75m）

1858 年 8 月 16 日，维多利亚女王用莫尔斯电码向美国总统发送了一条信息，尽管速度很慢——99 个词的贺电发了 16.5 小时——但这一成功让纽约人全城欢庆。虽然人们对这一壮举欢呼雀跃，但电缆本身却很脆弱：它的信号日渐微弱，以致完全中断，在3个星期后就坏了。为此，菲尔德一夜之间从“英雄”沦为“骗子”，还差点破产。

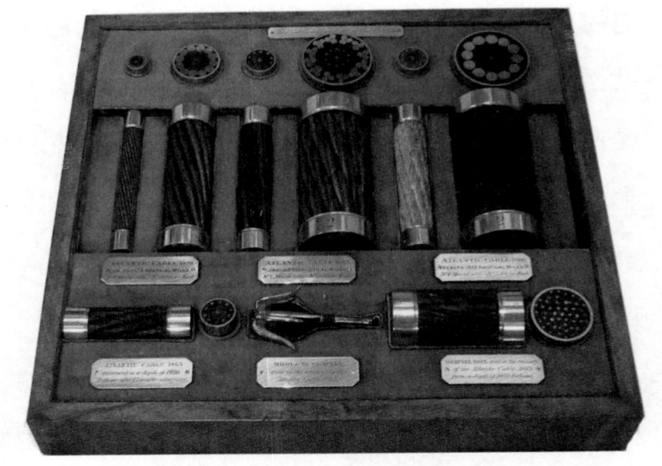

1858年、1865年和1866年大西洋电缆的制造商样品照片。后期的电缆较早期电缆更粗一些

由7名科学家组成的“调查委员会”后来得出的结论为，3200km电缆的巨大阻抗使莫尔斯电码在发送信号中严重衰减和延迟，于是首席电学专家查尔斯·惠斯通（Charles Wheatstone，1802—1875）决定提高电压到2000V以上，结果击穿了电缆绝缘层。

1866年，菲尔德使用改装为布缆船的大东方号（The Great Eastern，是当时世界上最大的远洋轮船）铺设了一条新的、更耐用的跨大西洋电缆，这次铺设也经历了一次电缆断裂事故，第二次架设才成功完成了从爱尔兰瓦伦提亚（Valentia）到纽芬兰哈茨康坦特（Heart's Content）的电缆铺设。

威廉·汤姆森应邀作为总工程师，主持此次海底电缆铺设工程。他为此发明的镜式检流计能通过导线上小镜片的光学放大功能，读出衰减为1/1000的信号，解决了先前电缆中信号严重衰减的问题。新电缆几乎实现了跨越大西洋的即时通信。后来随着一年前丢失的电缆被捞起，大西洋电缆成为双线，传输速度比 1858 年时快 50 倍。由于铺设大西洋海底电缆有功，英国政府于 1866 年封威廉·汤姆森为爵士。1892 年，为表彰他在电缆工程和电报技术方面的卓越成就和科学贡献，维多利亚女王亲自加冕他为第一代开尔文男爵（First Baron Kelvin），即开尔文勋爵（Lord Kelvin）。

1867 年，美国国会为菲尔德颁发了金牌，巴黎举行的国际博览会授予了他特等奖，以表彰他对铺设跨大西洋电缆的贡献。海底电缆让通信更快，使世界变得更小。到 19 世纪末，英国、法国、德国和美国拥有的电缆就已经将欧洲和北美用电报通信网络连接起来了。

14. 价值：跨大西洋电缆电报的天价资费

商业服务开通伊始，跨洋电报的通信资费极其昂贵。公司规定每条电报至少 10 个单词，每个单词 10 美元。在当时，10 美元是一名技术工人一星期的报酬，一条电报 100 美元起的费用是大多数人难以承受的，仅有大公司和富豪才用得起这种通信方式。大西洋电报公司 1867 年 7 月 28 日至 10 月 31 日期间的记录显示，公司 3 个月共发送了 2772 条商业电报，平均每天收入 2500 美元。而这样的业务量仅占用了 5% 的电缆通信能力。因此，公司决定薄利多销，将费用减半，一条 10 个单词的电报收费降至 46.80 美元，于是业务量迅速增多，公司收入立即增至平均每天 2800 美元。

注：作者根据同时期英美两国货币的黄金兑换率，计算出 19 世纪末期两国的汇率大致是 1 英镑兑换 4.9 美元。

巨额利润使更多资本流入，市场竞争也开始出现。1869 年法国成立了一家新的电报公司，铺设了一条从法国布雷斯特到纽芬兰南部圣皮埃尔，然后到马萨诸塞的跨洋电缆。

随着电缆数量的增加，人们不断开发新技术来降低费用，发送电报的费用也不断下降。例如，1870 年《纽约论坛报》记者霍勒斯·格里利仅仅花费 5000 美元就发送了一条关于普法战争的报道。由于各大报纸间的激烈竞争，报社不得不耗费巨资满足美国公众对于大洋彼岸即时信息的需求。

到 1870 年，华尔街每年都要耗费 100 万美元的电报费用，因为能否及时了解伦敦的市场行情会导致盈利或亏损。伦敦的经纪人们每年在电报上的花费也大致相当。在世界各地出现了越来越多的电缆，以满足人们日益增长的需求。短短几年间，大东方号铺设了 5 条跨大西洋电缆，到 1900 年，数目已经上升到了 15 条，其中一条电缆通向巴西和阿根廷。

15. 成功：无线电波跨越了大西洋

如果科学和技术进步有明确的方向，那它肯定是以人们的愿望为指引。而人们的愿望，往往要依靠能整合更多资源的企业家们来实现。

在寒冷的大西洋艰苦航行 10 天之后，1901 年 12 月 6 日（周五）上午，马可尼抵达了纽芬兰圣约翰斯港，他们从谢伊码头上岸。尽管当时纽芬兰政府内正在为是否成为加拿大的一部分而展开激烈争论，政府官员们还是在马可尼抵达的当晚组织了欢迎聚会。

马可尼（中）、坎普（左）、佩吉特（右）三人在纽芬兰圣约翰斯信号山上的合影。三人身后的大型六边形风筝是从英国带来的“巴登－鲍威尔－莱维特”风筝（Baden Powell Levitor Kite）。它携带天线升空约 150m，为接收跨大西洋无线电信号立下功劳（摄影：詹姆斯·维（James Vey））

第二天一早，他们就将所有仪器和设备搬到信号山上。在卡伯特塔旁边有一处营房，是废弃的白喉病医院旧址。营房的位置很好，内部有足够的空间放设备，营房外的空间也很开阔，适合气球和风筝升空。

12 月 9 日和 10 日（周一和周二），马可尼和他的两位助手进行了准备，安装测试了临时的简易气球天线装置和他们从英国买来的风筝。11 日，他们进行首次实验，当气球升至 3.9m 时，被强烈的西北风吹跑了，4 根铜线也一起被吹走了。于是 12 日，他们改放风筝，先放出两根带有 155m 长电线的风筝，然后又放出另一根带有 152m 长电线的风筝，3 小时后信号变好。

为了这个至关重要的时刻，马可尼用的是改版后的贝尔电话接收器。他希望这能比自己通常使用的莫尔斯电码印码机更灵敏可靠。现场只有马可尼和坎普（当时第二助理佩吉特因为生病不在场）二人，当他俩在强风中听到间隔的莫尔斯电码“滴、滴、滴……”之时，兴奋和喜悦之余还不敢轻易相信这是真的：从波尔杜发出的无线电波沉稳地围绕着地球曲率行进了约 3200km，越过大西洋来到了圣约翰斯的信号山上！

这次信号传输的距离是之前通信纪录的近 10 倍，证实了马可尼所坚信的“无论距离多远，无线电通信都是没有限制的”想法是对的。他们没有立即宣布这个消息，而是决定尝试传送更多、更清晰的信号。但之后天气状况变得更糟，他们没有再收到过任何来自波尔杜的信号。

马可尼不能贸然向外界公开消息，因为这个爆炸性的新闻必然会影响公司的股票价格。早在 1898 年，马可尼跨海无线电通信实验成功的新闻，就使经营跨大西洋电缆电报公司的股价大跌过。有趣的是，在发布消息前马可尼依然只能通过跨大西洋电缆向远在伦敦的公司总部报告情况，公司得以有机会在新闻发布前注入更多股票筹码，这种操作在当时的英国是合法的。

1901 年 12 月 17 日，跨大西洋无线电通信实验成功后，由媒体主持的现场“情景再现”（左一为马可尼，三人之外的两人为当地雇工）。这张摆拍的照片被广为传播（摄影：詹姆斯·维（James Vey））

经过与公司伦敦总部沟通后，马可尼在 12 月 14 日向新闻界和意大利政府宣布了消息。整个圣约翰斯沉浸在巨大的兴奋之中，紧接着是新闻媒体的狂乱，全世界的报纸都在附和《纽约时报》的言论“马可尼宣布了近代最令人惊喜的信息科学发展成果”。12 月 15 日（周日），《纽约时报》在头版发布了马可尼宣布无线传输跨大西洋信号成功的新闻，并刊登了一篇马可尼的传记。为使报道更为圆满，《纽约时报》请马丁（Thomas Commerford Martin）来做结语。马丁当时是《电气世界》的编辑，是电气专业和媒体领域的权威人士，他能在更大的背景中谈论马可尼的成就。

THE ST. LOUIS REPUBLIC.

YEAR.　ST. LOUIS. MO., SUNDAY, DECEMBER 15, 1901.　PRI

MARCONI ANNOUNCES SUCCESSFUL TRANSMISSION OF A SIGNAL ACROSS ATLANTIC WITHOUT WIRES.

Inventor of the Wireless System Says That He Received a Message at St. Johns, Newfoundland, Which Had Been Sent From Cornwall, England—Claims to Have Solved the Most Difficult Scientific Problem of Modern Times—Imperfect Machinery Used in the Test and the New Wizard Believes That a Perfect System Will Place Communication Between Continents on a Commercial Basis.

SCIENTISTS ASTOUNDED BY PROSPECTIVE REALIZATION OF FEAT AKIN TO THE MIRACULOUS.

"If Marconi says he did it, it must be so."—Edison

在 12 月 15 日的报纸上，大名鼎鼎的爱迪生也发出了支持马可尼的言论：“如果马可尼说他做到了，那一定是真的。”

马丁在 1884 年参与创建了美国电气工程师学会（AIEE，是如今举世闻名的电气与电子工程师协会 IEEE 的前身之一），并在 1887 年至 1888 年担任该协会的主席。马丁热切地称赞马可尼是新生的青年科技天才，并表示他对于马可尼成功传输跨越大西洋信号既惊讶又高兴。

16. 质疑：证据不足事实难辨

行事谨慎低调的马可尼在信号山上进行信号接收实验时并没有邀请其他专业人士在场，更没有邀请媒体人士现场观摩。现场除了他和助手坎普，没有公司以外的第三人可以作证。

他们所接收的验证信号仅是3个连续短促的“·”，这确实过于简单。凛冽的西北风夹杂着设备的噪声，在长时间的紧张守听下，他们自己也会怀疑是真的听到了信号的声音，还是自己的幻听。所以，他们也打算第二天再次收听到更清晰的信号后发布消息，可第二天因为天气变得更加恶劣，他们没有再收到信号。

我们今天知道，由于太阳辐射的因素，在夜间比白天接收跨大西洋无线电信号更有利。马可尼选在下午进行实验是不利的。

注：关于波尔杜的发射器，马可尼并不是故意回避其重要技术指标发射频率是多少，主要是当时发射机的频率指标还很难精确测定。1903 年，弗莱明在一次演讲中说，估测当时的波长应是 1000 英尺（约 304.8m）以上。1904 年，弗莱明发明了测定发射频率（或波长）的设备。1908 年，马可尼在英国皇家学会的一次演讲中说，当时的波长应为 1200 英尺（约 365.8m），对应频率为 820kHz。

17. 认可：权威人士出面支持

学界和业界刚开始对此抱有怀疑，但在哥伦比亚大学著名的电力学教授、权威的物理学家迈克尔·普平（Michael Pupin）公开赞扬马可尼的壮举后，逐渐改变了立场。马可尼随之受到了世界各地的热烈祝贺和欢迎。

马可尼最应该感谢的人是马丁。因为马丁判定马可尼是值得信赖的风云人物，他认为自己应当替马可尼“说话”以表明马可尼“不是个骗子”。为此，马丁在 1902 年 1 月 13 日美国电气工程师学会的年度晚宴上把这位年轻的意大利人安排为贵宾。马丁曾是 AIEE 的主席和多次活动的主持人，他很容易说服学会的领导给马可尼这个荣誉。然而，不是每个人都相信马可尼的声明，马丁发现很难请到工程界人士都来出席晚宴，因此他不得不求助伊莱休·汤姆森（Elihu

Thomson，美国汤姆森·休斯敦公司的创始人，1892 年这家公司与爱迪生的公司合并为通用电气公司）支持这一活动。汤姆森认可马可尼的消息传开后，马丁才得以让华尔道夫－阿斯托利亚酒店 300 个座位的阿斯特长廊座无虚席。

为使晚宴达到预期效果，马丁处处精心布置，以彰显马可尼的成就。汤姆森和普平两人都强调，尽管马可尼的证据还很有限，但由于认识和信任马可尼，他们相信马可尼的话。

尽管如此，马可尼还想为自己找到更充分的证据。1902 年 2 月，他搭乘客轮“费城号”从英国前往美国，船上配备了一台马可尼无线电报系统。在越洋航行期间，马可尼周期性地收听到来自波尔杜的莫尔斯电码消息，并邀请船长和大副收听，他还在一张海图上记录下收听到消息的时间和地点。这张在“费城号”上有目击证人的海图比在纽芬兰信号山上收到的信号更好地证明了无线电波可以横跨大西洋传输。事后多次的重复实验和更远距离的通信成功，已经证实马可尼并没有撒谎。

跨越大西洋的无线电通信成功为马可尼公司带来了巨大收益和发展契机，但这次实验的重大意义远不限于商业价值。从人类对自然的认识方面来看，它的科学启发价值更为珍贵。它不仅促使马可尼和德国物理学家卡尔·费迪南德·布劳恩（Karl Ferdinand Braun，1850—1918）由于发明和改进了无线电报而共同获得 1909 年的诺贝尔物理学奖，更拓展了科学的视野。跨大西洋无线电通信的科学疑点和通信质量的改善引发的思考和证实，就像推倒了多米诺骨牌，诞生了一连串的重大科学收获。

18. 收获一：人类知道了电离层的存在

之所以不敢想，不敢做，甚至不敢相信这次实验的结果是真的，是因为当时人们不知道，地球的高空还存在着一层电离层，而电离层会反射电磁波，可以充当一面巨型的球面反射镜，使电磁波在地面与电离层之间多次被反射，从而让电磁波绕着地球曲率行进。

1902 年，奥利弗·亥维赛（Oliver Heaviside，1850—1925）和美国工程师亚瑟·科诺尔里（Arthur Kennelly）在同一时间从理论上证明了无线电波之所以能在世界范围内传播，是因为它们在电离层中反弹起了一层带电的气体粒子。亥维赛是英国自学成才的数学天才、物理学家和电子工程师。他没有接受过正规的高等教育，但在数学和工程上做出了众多原创性成就。

1924 年英国科学家爱德华·维克多·阿普尔顿（Edward Victor Appleton）在迈尔斯·巴内特（Miles Barnett）的协助下，用连续波进行了探测电离层高度的实验，他们利用变换频率的电磁波接收到来自电离层的回波，首次直接证实了电离层的存在。他们的实验证实了高层大气中存在一个导电层，可以反射地球曲线以外的无线电波，并且还表明有时反射可能来自第二层、更高的导电层。他们的初步发现于 1925 年被发表在《自然》（*Nature*）杂志上。阿普尔顿因通过对高层大气物理性质的研究，发现电离层而获得了 1947 年的诺贝尔物理学奖。这一电离层被称为“科诺尔里 – 亥维赛层”。由此引发了人们对地球大气层的深入研究和新的认识。

19. 收获二：开启射电天文时代

然而，这并没有结束。1927 年，贝尔实验室刚刚成立两年后，一个名叫卡尔·吉德·央斯基（Karl Guthe Jansky，1905—1950）的大学毕业生加入进来，担任无线电工程师。当时，跨大西洋的无线电通信系统依然存在背景噪声，他受命调查这些背景噪声的来源，排除可能会影响信号传输的无线电干扰。

央斯基设置了一套可以旋转的大型天线，用来接收频率为 20.5MHz（波长约 14.6m）的无线电波。经过几个月的记录和分析，他将背景噪声归类成 3 种类型：附近的雷雨、遥远的雷雨，以及来历不明的淡淡嘶嘶声。他花了一年多的时间来调查第 3 种类型的背景噪声，发现其强度每天都会涨落一次。

央斯基起初推测该噪声来自太阳辐射。然而几个月后，最强的噪声信号源开始远离太阳的位置。他也确定信号的重复周期为 23 小时 56 分钟，刚好是地球的自转时间（恒星日），而不是太阳日（24 小时）。央斯基认为它来自于银河系中心，而人马座方向的信号源是最强的。

他的发现受到广泛宣传，被刊登在 1933 年 5 月 5 日的《纽约时报》上，他当年还发表了经典论文《明显的外太空电子干扰源头》。他的这一发现标志着射电天文学诞生，结束了以往人们只能通过可见光观测宇宙的历史，拓展了人类认识宇宙的视野，开启了新的天文观测时代。20 世纪中期的四大重要天文发现——星际分子、类星体、微波背景辐射和脉冲星——都是通过射电天文的手段和方法取得的。

本章主要参考文献

[1] CARLSON W B. Tesla: inventor of the electrical age[M]. Princeton: Princeton University Press, 2013.

[2] RABOY M. Marconi: the man who networked the world[M]. Oxford: Oxford University Press, 2016.

[3] HONG S, KING J. Wireless: from marconi's black box to the audion[J]. American Journal of Physics, 2003, 71(3): 286−288.

[4] HUNT B J. Oliver Heaviside: a first−rate oddity[J]. Physics Today, 2012, 65(11): 48−54.

[5] 钱长炎．赫兹发现电磁波的实验方法及过程 [J]. 物理实验，2005, 25(7): 33−38.

[6] One family: generations of discovery[EB]. 2020−7.

[7] 薛轶群．万里关山一线通：近代中国国际通信网的构建与运用 (1870−1937) [M]. 北京：社会科学文献出版社·历史学分社，2022.

[8] The Atlantic Cable Projectors[EB]. 2019−12.

第二章 理论引导技术

进入20世纪后，世界变得越来越小，在世界大战、经济危机、意识形态的对抗之外，人类生活方式的改变也构成了色彩斑斓的历史图景。澳大利亚著名经济历史学家杰弗里·布莱内（Geoffrey Blainey，1930—）在其著作《20世纪简史》（*A Short History of The 20th Century*）中讲述了无线电、汽车和飞机对文明进程和生活的影响。2018年上海三联书店出版社为这本书的中译本加了个副标题：《从无线电到柏林墙》。无线电确实从其诞生开始，就在参与人类历史的书写了。

不管无线电技术更新多快，它始终在电磁理论的框架之内，丝毫未曾逾越。我们有必要了解一下，无线电的理论基础——电磁理论是如何建立的。这个故事依然传奇而精彩。

1. “有用”和“无用”之争

20世纪20年代的一天，美国著名教育家亚伯拉罕·弗莱克斯纳（Abraham Flexner，1866—1959）遇到了70多岁的老绅士乔治·伊士曼（George Eastman，1854—1932），后者是举世公认的大众摄影之父、柯达公司创始人。那时，伊士曼正准备把毕生积蓄的一大部分投入美国高等教育事业，用于推动“有用学科”的发展。

弗莱克斯纳问伊士曼：“在您心目中，谁是当今最‘有用’的科学家呢？”伊士曼不假思索地说：“马可尼。”在伊士曼看来，马可尼的发明从根本上改变了人类的沟通方式，推动了整个人类文明的发展。

没想到的是，弗莱克斯纳却语出惊人：“亲爱的伊士曼先生，在我看来，无论我们从广播获得怎样的快乐，无论无线电和广播为人类生活带来了什么，马可尼的贡献几乎可以忽略不计。”

面对老绅士震惊的目光，这位普林斯顿高等研究院的创始人解释道：“伊士曼先生，马可尼的出现是必然的，因为在此之前，已经有一位巨人为无线电的发明默默铺好了所有台阶，只待有人登上台阶去摘取桂冠，此人就是詹姆斯·克拉克·麦克斯韦。”

这个著名的故事来自于弗莱克斯纳那篇著名的文章——《无用知识的有用性》，发表于 1939 年的《哈泼斯杂志》（*Harper's Magazine*）。

詹姆斯·克拉克·麦克斯韦（James Clerk Maxwell，1831—1879），这位英国物理学家，经典电磁理论的奠基人，于 1865 年开始对电磁场展开数学研究，并在 1873 年出版了《电磁通论》（*A Treatise on Electricity and Magnetism*），这部著作被尊为继牛顿《自然哲学的数学原理》之后最重要的一部物理学经典。因此，麦克斯韦被普遍认为是 19 世纪的物理学家中，对 20 世纪初物理学进展影响最大的科学家，他使物理学实现了自牛顿以后的第二次统一。他的理论为狭义相对论和量子力学打下基础，是现代物理学的先声。

他在法拉第工作的基础上，总结了19世纪中叶以前对电磁现象的研究成果，建立了电磁场的基本方程，即麦克斯韦方程组。从这一理论中得出，电磁过程在空间是以一定速度（相当于光速）传播的，从而否定了“超距作用”的错误概念，得出光的本质是电磁波的结论。他在热力学、光学、分子物理学和液体性质的理论等方面都有一定成就。1871年起，他领导建立了卡文迪许实验室（Cavendish Laboratory）。他还领导了测定标准电阻、电量的单位，电磁和静电之间的比值等工作。

1931年，是麦克斯韦诞辰100周年，也是法拉第发现电磁感应开始酝酿力线和场的思想的100周年。阿尔伯特·爱因斯坦（Albert Einstein，1879—1955）提出了“麦氏纲领”：用场来描述物理实在，用偏微分方程来解释场，经典的场理论应当作为量子法则的出发点，没有它就没有量子论。正是麦克斯韦的这些思想，启发了爱因斯坦的灵感。

麦克斯韦

当20世纪即将结束的时候，英国广播公司（BBC）在全球范围举行了“千年思想家”评选，评出了1000—2000年的世界十大思想家，麦克斯韦位列其中。

2. 理论诞生的前夜

诚然，麦克斯韦是电磁理论的提出者和集大成者，为人类理解自然界做出了无与伦比的贡献，而他的理论研究建立在迈克尔·法拉第（Michael Faraday，1791—1867）的基础之上。

法拉第家境贫寒，未接受过学历教育，凭借刻苦自学和勤劳智慧在电磁学和化学等领域做出了杰出贡献。他为人质朴，不图名利，不但放弃有丰厚报酬的商业性工作，还谢绝了英国皇家学会会长职位和爵士封号，以平民身份终生在英国皇家学院实验室工作，只为探究科学真理。

1831 年，法拉第完成了“电—磁”和“磁—电”电磁感应的实验，预告了变压器和发电机的诞生，为人类大规模生产、输送和利用电能打下基础，被誉为 19 世纪最伟大的实验之一。

1837 年，法拉第引入了电场和磁场的概念，指出电和磁的周围都有场的存在，这打破了牛顿力学“超距作用”的传统观念。1838 年，他提出了电力线这一新概念来解释电、磁现象，这是物理学理论上的一次重大突破。1843 年，法拉第用有名的冰桶实验，证明了电荷守恒定律。1845 年，他发现了磁光效应，

法拉第

用实验证实了光和磁的相互作用，为电、磁和光的统一理论奠定了基础。法拉第和他的先辈一样，研究电和磁是为了探究自然，是为了追求真理，而不是实用。

1852年的一天，新上任的财政大臣格莱斯顿（后来任英国首相）到皇家学院听法拉第的电磁学讲演，临走时他问道："可是法拉第先生，这到底有什么用呢？"法拉第回答："部长先生，说不定过不了多久，您能够收它的税呢！"几十年后，电果真成了实用的东西，英国政府果真收起电税来（这个税应该是指电力税）。恐怕科学家法拉第和政治家格莱斯顿当时想象不到，一百多年后，由电磁学发展出来的技术应用中，还有另一种数额更加可观的税——无线电频谱资源也是可以用来抽税的。

场论的思想是20世纪物理学发展的主导思想之一。爱因斯坦把创立场论的法拉第和麦克斯韦称作一对儿，就像创立经典力学的伽利略和牛顿一样，他们的伟大是可相比拟的。

美国著名的实验物理学家罗伯特·安德鲁·密立根（Robert Andrews Millikan，1868—1953）因为电子电量测定及光电效应实验方面的重要贡献获得了1923年的诺贝尔物理学奖。作为一名实验物理学家，他不但重视实验，也极为重视理论的指导作用。他在获奖演说中讲道："科学是用理论和实验这两只脚前进的，有时这只脚先迈出一步，有时另一只脚先迈出一步，但是前进要靠两只脚。先建立理论然后做实验，或者先在实验中得出了新的关系，然后再迈出理论这只脚并推动实验前进，如此不断交替进行。"他用非常形象的比喻说明了理论和实验在科学发展中的作用。

毫无疑问，作为电磁学的核心人物，法拉第是位杰出的实验物理学家，但由于未接受专业的训练，他的数学功底比较薄弱，搭建电磁学理论大厦的重任落在了年轻的数学家、物理学家麦克斯韦身上。1860 年秋天，29 岁的麦克斯韦受聘到伦敦国王学院任自然哲学和天文学教授。他带妻子来到伦敦后，拜访了年近七旬的法拉第。两人一见如故，马上谈论起电磁学的问题。尽管当时年迈的法拉第已经有了记忆力衰退的迹象，但他们的会面在科学史上具有伟大的意义，象征着实验和理论的结合，电磁学即将由此进入新的时代。

3. 伟大却不被熟知的科学家

麦克斯韦 1831 年 6 月 13 日出生于英国苏格兰爱丁堡，父亲是一名律师。他从小接受了良好的家庭教育，10 岁那年被父亲送进爱丁堡公学就读。1847 年，16 岁中学毕业后进入苏格兰的最高学府爱丁堡大学学习，他专攻数学和物理，是班上年纪最小、成绩最优秀的学生。他还是一位苏格兰诗歌爱好者，不但能对许多诗歌熟读成诵，还喜欢自己作诗。

在大学的课程之外，他投入大量精力用于偏振光的研究。他对组合在一起的明胶块施以不同的应力，然后将偏振光照射于其上，发现明胶块中出现了彩色条纹，即光弹性现象。利用光弹性，人们可以确定物体中的应力分布。麦克斯韦 18 岁时，向爱丁堡皇家学会的会报提交了《论弹性固体的平衡态》（*On the Equilibrium of Elastic*

Solids）一文。他通过这篇论文，探讨了在剪应力作用下，黏稠液体会出现的双折射现象。

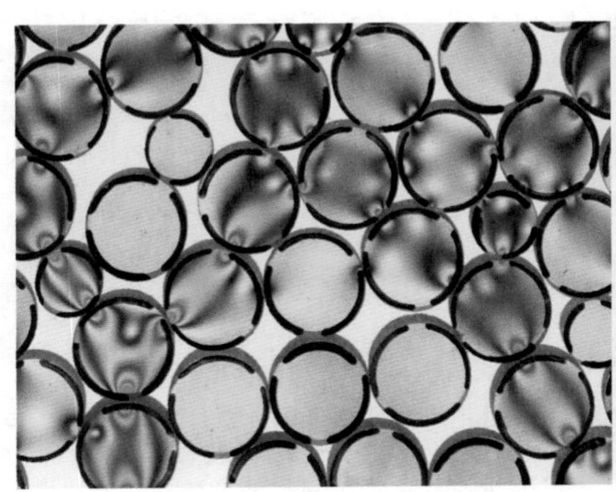
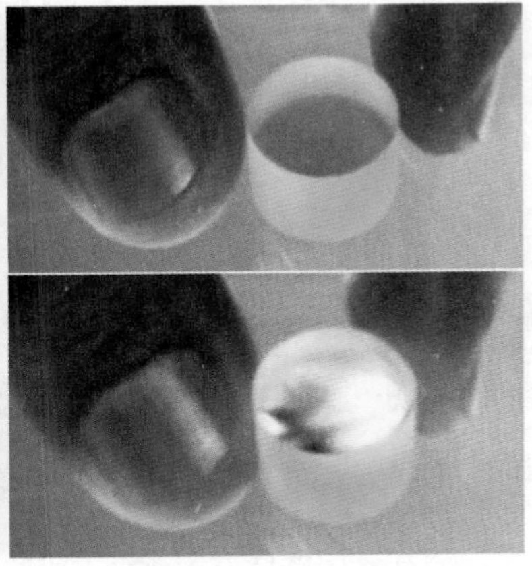

麦克斯韦这项研究如今被制成科普展品“应力光链”在科技馆展出。照片中的彩色条纹反应了应力片间的受力分布，这个演示把光学和力学有机结合起来（来源：合肥磐石智能科技股份有限公司）

1850 年 10 月，麦克斯韦离开苏格兰前往剑桥大学深造。在三一学院，他加入了剑桥大学秘密的精英社团——剑桥使徒（Cambridge Apostles）。1851 年 11 月，他开始在威廉·霍普金斯（William Hopkins）的指导下学习。1854 年，麦克斯韦从剑桥大学三一学院毕业，取得数学学位。同年，他读到了法拉第的《电学实验研究》，对电学产生了浓厚兴趣。23 岁的麦克

在剑桥大学三一学院就读时期的青年麦克斯韦，手上拿着他发明的比色环

斯韦给 30 岁的威廉·汤姆森（即后来的开尔文勋爵）写了一封热情洋溢的信，向他求教关于电学的学习和研究方法，两位科学巨匠的友谊从此开始。1855 年 10 月 10 日，麦克斯韦获批成为三一学院的评议员。1856 年 11 月，麦克斯韦接受了马歇尔学院的教授职位，离开了剑桥。

麦克斯韦在马歇尔学院执教期间证明了土星环是由大量小颗粒构成的。土星环的性质在当时是个有趣的问题：它为什么能稳定地环绕在土星周围，既未飘远散开，又未撞向土星。这个问题从 1610 年伽利略观测土星开始，已经困扰了科学家们两百多年。剑桥大学圣约翰学院 1857 年将其设为亚当斯奖的悬赏问题，受到特别关注。麦克斯韦花了两年时间来研究这一问题。他证明如果土星环是固体的话，那么它不会稳定；而如果是气体的话，它也会因为波的作用而裂解。因而，他得出土星环由有各自环绕土星运动轨道的大量的小颗粒构成的结论。1859 年，他因论文《论土星环运动的稳定性》（*On the Stability of the Motion of Saturn's Rings*）而获得亚当斯奖。1980 年 11 月，麦克斯韦的论断最终被旅行者 1 号探测器（Voyager 1）飞掠土星时的一系列观测所验证。

美国旅行者 1 号探测器于 1977 年 9 月 5 日发射，1980 年 11 月经过土星系统，是距离地球最远的人造飞行器，目前仍可以接收到它发回地球的无线电信号

1857 年，麦克斯韦与当时马歇尔学院的校长丹尼尔·杜瓦（Daniel Dewar）成为朋友，并结识了他的女儿。1858 年与杜瓦的女儿凯瑟琳（比麦克斯韦大 7 岁）结婚。1860 年年初，马歇尔学院与邻近的阿伯丁国王学院合并成立阿伯丁大学。在合并后，自然哲学教授职位只有一个。麦克斯韦尽管已有一定的声望，但仍竞聘岗位

旅行者 1 号探测器于 1980 年 11 月 16 日拍摄的土星环，当时它距离土星 530 万千米。阳光照射土星形成的影子投在土星环上面

失利。此后，他还被传染上天花病毒，几乎丧命。康复后，他转而受邀到伦敦国王学院任自然哲学教授。1860 年夏天，麦克斯韦夫妇前往伦敦。

注：自然哲学是现代自然科学的前身，是物理学的基石。弗朗西斯·培根（Francis Bacon）称自然哲学为“科学的伟大母亲”。从发展脉络上来看，现代科学是经由自然历史、自然哲学、自然科学 3 个阶段发展而来的。

1869 年麦克斯韦夫妇的合影

麦克斯韦在伦敦国王学院期间学术成果丰硕。1860 年，他因在色彩学方面的研究形成《色觉理论》（*On the Theory of Colour Vision*）而获得英国皇家学会的拉姆福德奖章，并于 1861 年获选进入英国皇家学会。1861 年 5 月 17 日，在皇家学院做的有关色彩理论的讲座中，麦克斯韦展示了在他的指导下由摄影师托马斯·萨顿（Thomas Sutton）掌镜，利用三色叠加原理拍摄的世界上第一张彩色照片。从1855年到1872年，麦克斯韦发表了一系列有关颜色的感知、色盲，以及色彩理论的研究成果。麦克斯韦的三色摄影法几乎是所有形式的彩色摄影的基础，无论是基于胶片的摄影、模拟视频还是数字摄影。

注：英国的科学通才托马斯·杨（Thomas Young，1773—1829）在1802年首次提出三色色觉理论。杨的理论认为，人的视觉神经中有3种不同的感受器，分别感受红、绿、蓝3种不同波长的光。当时杨的理论仅为假说，赫尔曼·冯·亥姆霍兹（Hermann von Helmholtz，1821—1894）对其理论进行了修正，并在1850年以颜色配对实验（Color Matching Experiments）证明此说。

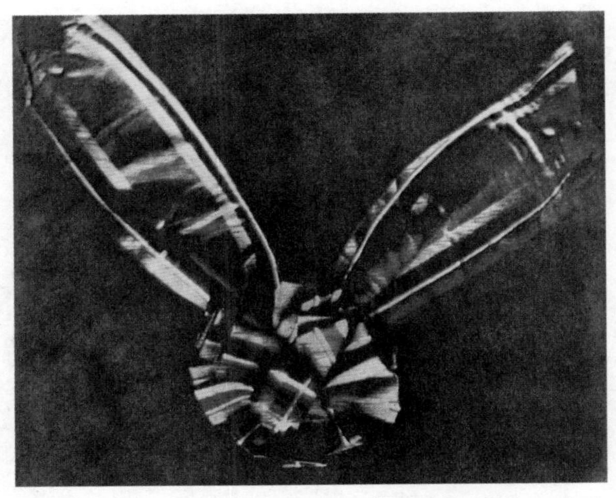

透过红、绿、蓝三色滤光器分别拍摄同一景象，而后将影像分别通过3种颜色的滤镜投射到屏上，叠加后就还原了被摄物花呢格纹缎带的彩色影像。这3张底片被存放在爱丁堡印度街14号（麦克斯韦出生地）的博物馆里

（来源：The Illustrated History of Colour Photography, Jack H. Coote, 1993.）

此期间，麦克斯韦的气体黏性理论得到深入发展，他率先开始对物理量间的关系进行量纲分析。更重要的是，他得以与法拉第进行电磁学方面的交流，并有力推进了电磁学的研究。他于

1861 年发表《论物理力线》（*On Physical Lines of Force*）一文，考察了电场与磁场的性质，提出了解释电磁感应现象的理论模型——分子涡流理论。1862 年年初论文再版时，增补探讨了静电场的性质和位移电流，还探讨了偏振光的偏振方向会在外磁场作用下发生改变的现象，即法拉第效应。

他还在《论物理力线》（再版）第三部分中写道："我们难以回避这一推断，光与同种介质中引起电磁现象的横波具有一致性。" 经过对于这一问题的后续研究，麦克斯韦提出了电磁波方程。这一方程从理论上预言了当时还未发现的，由交变电磁场激发的电磁波的存在。利用当时已得到的电学实验数值，麦克斯韦得出这种波在空间中的传播速度为 310740000m/s。这与当时法国物理学家阿尔芒·斐索和莱昂·傅科（傅科摆的发明人）测算的光速数值非常接近。他认为这不是一个巧合！

在 1864 年发表的论文《电磁场的动力学理论》（*A Dynamical Theory of the Electromagnetic Field*）中，麦克斯韦提出电场和磁场以波的形式以光速在空间中传播，并提出光是引起同种介质电场和磁场中许多现象的电磁扰动，并在理论上预言了电磁波的存在。这将电学、磁学和光学统一起来，这个创举被物理学术界公认为是物理学史的重大里程碑。

麦克斯韦不仅是位伟大的科学家，还是个庄园主。在苏格兰柯库布里郡（Kirkcudbrightshire）米德尔比（Middlebie）的家族领地上，父亲留给他一座占地 6.1km^2 的格伦莱尔庄园（Glenlair House）。

1865 年，他辞去伦敦国王学院的职位，带妻子回到了苏格兰，肩负起重建庄园的家族使命。在这座庄园里，他有充足的时间进行物理学实验和思考，继续把关于电和磁的思想系统化。虽然远在乡下，他与科学界的联系并没有中断。他频繁地与乔治·加布里埃尔·斯托克斯（George Gabriel Stokes）、威廉·汤姆森和彼得·格思里·泰特（Peter Guthrie Tait）保持书信往来，讨论学术问题。这些信件又大又重，以至于邮局为他专设了一个邮筒。

在格伦莱尔庄园赋闲期间，麦克斯韦用两年时间重建了房屋，实现了父亲的遗愿。尽管这些房屋后来毁于 1929 年的一场大火，但他搭建起的一座理论大厦至今仍迸发着耀眼的光芒，它就是电磁学巨著《电磁通论》（*A Treatise on Electricity and Magnetism*）。这套两卷本的专著在 1873 年由牛津大学出版社首次出版（后经两次修订，于 1881 年和 1891 年出版第二版和第三版）。麦克斯韦以四元数的代数运算表述电磁理论，并将电磁的势作为其电磁理论的核心。麦克斯韦方程组较为完善的形式——带有 20 个变量的 20 个联立方程，最早出现在这部书里。这部书奠定了现代电磁学的理论基础，它为物理学家和电子电气工程师们提供了所需的工具。运用这些工具可以计算出电荷、电场、电流和磁场之间的相互关系，我们今天所有关于电的一切原理都概莫能外。

进入 19 世纪中叶后，英国逐渐认识到，与欧洲大陆国家特别是与法国和德国相比，英国在科学研究方面是有优势的，但在把科学研究转化为生产力方面却是落后的。于是，英国的大学开始重视本科生的实验室教育。1868 年，牛津大学决定为物理学家们建立正规的实验室。剑桥大学也不甘落后，当时的校长、物理学家威廉·卡文迪许（William Cavendish，第七代德文郡公爵）自掏腰包资助了实验室的筹建。

1871 年，麦克斯韦受邀担任牛津大学首位卡文迪许教授，实际上就是实验室主任或物理系主任。实验室的筹建、设计和每件仪器的购置都经过他的监管。从 1874 年建成实验室，直至 1879 年因胃癌逝世（年仅 48 岁），麦克斯韦把他人生最后的时光奉献给了这座近代科学史上第一个社会化和专业化的科学实验室。

在麦克斯韦的主持下，卡文迪许实验室开展了物理学教学和科学研究。他坚持在系统讲授物理学理论的同时辅以实验演示，并要求学生亲自动手。实验要求结构简单，学生易于掌握。麦克斯韦说过："这些实验的教育价值，往往与仪器的复杂性成反比。学生使用的自制仪器虽然经常出毛病，但他们却会比用仔细调校好的仪器学到更多的东西。学生用调校好的仪器会产生依赖而不敢把它们拆成零件。"从那时起，使用自制仪器就成了卡文迪许实验室的传统。实验室附有工作间，可以制作很精密的仪器。麦克斯韦不但重视科学方法的训练，还很注意前人的经验。他在整理亨利·卡文迪许（Henry Cavendish，1731—1810）留下的有关电学的论著之后，亲自重复并改进了其做过的一些实验。

卡文迪许实验室一百多年来人才辈出，一直身处物理学发现的最前沿，被称为"世界物理学的发源地"。

麦克斯韦的英年早逝是世界科学史上的一大憾事。他生前并未享受到与之贡献相称的荣誉，主要原因是他这套复杂艰深且有悖于日常直觉的电磁理论起初并未获得普遍认可，几乎无人问津，甚至还存有一些质疑。连麦克斯韦的亲密朋友汤姆森，这位科学界的重要人物都不相信会有“位移电流”这样的东西存在。只有少数几个人对麦克斯韦的研究保持兴趣。

为了验证麦克斯韦的理论，这些痴迷于电磁奥秘的物理学家钻研了 20 多年。在他们中间，有人收集光是由电磁波构成的实验证据，有人修正并简化麦克斯韦的理论。这群物理学家被后人称为“麦克斯韦学派”。如果没有他们的努力，麦克斯韦的理论被广泛接纳将会延迟数十年时间。后来那些造福人类的、不可思议的科学技术的诞生也必将被延后。

4. 一位天才的科学怪人和一个物理学派

英国物理学家和电学工程师奥利弗·赫维赛德（Oliver Heaviside，1850—1925）便是“麦克斯韦学派”的重要人物之一。赫维赛德出身贫苦，幼年患过猩红热，导致听力受限。他虽然成绩很优秀，但中学毕业后没能攻读大学。他家族中有位长辈是著名的电学

赫维赛德不仅是一位天才的理论家，还是一位杰出的发明家。1880 年他发明的同轴电缆获得了英格兰的专利权（专利权号 1407）

专家查尔斯·惠斯通（自动电报机的发明者），或许是这个原因，赫维赛德 23 岁时接触到了刚出版的《电磁通论》。当时他正在英格兰东北部的纽卡斯尔当电报员。他觉得这本书很高深，下决心要学懂弄通。1874 年，他因为听力下降，不得不辞去电报员的工作，就搬到父母家潜心研究起麦克斯韦的理论。

他性格古怪但十分聪慧，通过数年时间自学微积分和麦克斯韦的《电磁通论》，创立了向量分析学。1881 年，他以“力”取代“势”，大大降低了麦克斯韦理论的复杂程度，将麦克斯韦方程组改写为四则方程的形式。简化后的方程促进了麦克斯韦电磁理论的传播，但当有人提议用他的名字为新方程命名时，赫维赛德拒绝了。

物理学家杨振宁认为：“麦克斯韦方程组的重要性无论如何估价也不会过分。麦克斯韦方程（组）就是电磁论。假如没有对麦克斯韦方程（组）的了解，那就不可能有今天这样的世界。直到今天，麦克斯韦方程（组）的深刻含义仍在继续讨论中。”

简化后的四则方程被誉为是物理学最美的方程，被列入世界各国电磁学的高等教材，它高度简洁并具有极高的对称美感。但数学上的美感是一回事，而找到麦克斯韦理论的实验性证据则是另一回事。撇开可见光的光速与电磁辐射的速度似乎相当这个问题，没有任何实验证据可表明光是由电磁波构成的。纵使电磁辐射形成了光，但麦克斯韦并没有指出电磁波应具有类似于光的反射和折射之类的性质。因为在麦克斯韦的时代，尚不具备人工产生电磁波的实验条件，理论的预测无法得到实验的证实。

于是，《电磁通论》的支持者们不断开展光与电磁波的实验，希望得出有力的实验证据来检验麦克斯韦的理论。乔治·弗兰西斯·菲茨杰拉德（George Francis FitzGerald，1851—1901）和奥利弗·约瑟夫·洛奇（Oliver Joseph Lodge，1851—1940）的工作强化了电磁波与光之间的关联。这两人都是麦克斯韦理论的支持者，在麦克斯韦去世的前一年，他们结识于英国科学促进协会（British Association for the Advancement of Science）在都柏林召开的一次会议上。此后这两位物理学家便通过书信往来，展开了合作研究。他们与赫维赛德，三人成为“麦克斯韦学派”的领军人物，共同修订、扩展、澄清和确认电磁场数学理论，推动了科学界对于麦克斯韦电磁理论的认识。

5. 麦克斯韦学派的接力者

1883 年，菲茨杰拉德首次提出了通过产生快速振荡电流以产生电磁波的装置的设想。6 年后，在一次防雷实验中，洛奇注意到导线旁边的放电电容器会产生弧光。好奇之下，他改变了导线的长度，结果电容器中出现了夺目的闪光。他断定这就是电磁波共振所产生的现象！

洛奇确信自己生成并探测到了电磁波，于是从阿尔卑斯度假一回来，他就计划在英国科学促进协会的一次会议上汇报这令人震惊的研究成果。但是，在驶出利物浦的火车上，一本杂志上的文章让他意识到，这个发现已经被其他人捷足先登了。在这本 1888 年 7 月的《物理学年刊》（*Annalen der Physik*）上，他读到了一篇题为《论空气中的电动力波动及其反射》的文章，论文作者是一位名不见经传的德国研究者——海因里希·鲁道夫·赫兹（Heinrich Rudolf Hertz，1857—1894）。

赫兹 1894 年的肖像照

1857 年，赫兹出生于德国汉堡的一个富裕的家庭，父亲是律师和参议员，同时还是一位语言学家。受父亲熏陶，赫兹从小喜欢人文知识，还学会了阿拉伯语和梵语。有一位长辈送给他一套实验器具，他就在家里装备起一个小型实验室，学着摆弄物理和化学实验，此后他的兴趣慢慢从人文转到理工，开始展现科学禀赋。他动手能力很强，在绘画、雕刻、木工、金工和设计上都显示出精湛的手工技巧。

1875 年中学毕业后，赫兹在一家公司实习土木工程。1876 年到南部的德累斯顿工学院学习。半年后，他按规定服了一年兵役。之后转到慕尼黑继续学习数学和力学。20 岁时，他来到柏林，开始从一个实验者转变为学者。1878 年他进入柏林大学，并在亥姆霍兹和古斯塔夫·罗伯特·基尔霍夫（Gustav Robert Kirchhoff，1824—1887）的指导下学习。

亥姆霍兹是19世纪最伟大的科学家之一，他对生理学、光学、电动力学、数学和气象学均有十分重要的贡献，最著名的成就是发现能量守恒定律。基尔霍夫比亥姆霍兹小3岁，在电路和光谱学都有以其名字命名的定律，他1862年创造了“黑体”一词，其最著名的著作是《数学物理学讲演集》。亥姆霍兹不仅自己科学成就卓著，还培养出了众多大师级的科学家：发明彩色照相术的加布里埃尔·李普曼（Gabriel Lippmann）、以测量光速而著名的阿尔伯特·迈克尔逊（Albert Michelson）、将电磁波带给世界的赫兹、建立能量量子化理论的普朗克（Max Planck），以及发现热辐射和维恩位移定律的威廉·维恩（Wilhelm Wien）。

亥姆霍兹的肖像作品（德国画家 Ludwig Knaus 1881 年的画作）

亥姆霍兹对电磁学的发展做出了重大贡献，在德国他是早期认同麦克斯韦理论的少数几名科学家之一。1893年，亥姆霍兹在美国芝加哥召开的第四届国际电气工程师大会上主持制定了欧姆、安培和伏特这 3 个基本的电磁学单位。但在返回欧洲的船上，他不慎在甲板上跌倒受伤，伤病未愈直至次年逝世，享年 73 岁。以他名字命名的德国亥姆霍兹国家研究中心联合会（Helmholtz Association of German Research Centres），如今是德国乃至欧洲最大的科学研究机构。

赫兹从事电磁学实验研究是从 1878 年他进入柏林大学以后才开始的，他研究的直接动因是亥姆霍兹为柏林大学和普鲁士科学院提出的两个悬赏课题。亥姆霍兹为赫兹提供了实验仪器和相关的文献资料，并且每天都与他讨论研究进展。从 1878 年 10 月到 1879 年 1 月，在亥姆霍兹的精心指导下，赫兹出色地完成了第一个课题的研究任务并获得奖励。1880 年，赫兹将这项研究成果以题为《电路动能上限的实验研究》的论文在《物理和化学年鉴》上发表。

另一个悬赏课题就是用实验证实麦克斯韦的电磁理论。这项悬赏课题的奖金为 955 马克（原德国货币单位），解决方案和实验结果要求在 1882 年 3 月 1 日前提交至普鲁士科学院。亥姆霍兹认为赫兹最有可能解决这个问题，但赫兹当时没有跟进这个课题。赫兹 1880 年获得博士学位后，继续在柏林大学跟随亥姆霍兹工作和学习，直到 1883 年他收到来自基尔大学出任理论物理学讲师的邀请。1885 年，他受邀到卡尔斯鲁厄理工学院任教授时，之前的第二个悬赏课题仍然悬而未决。

注：卡尔斯鲁厄理工学院创建于 1825 年，是德国历史最悠久的理工大学，为德国近代科技和工业的发展做出了重大贡献。汽车工业的先驱卡尔·本茨（Karl Benz）曾就读于该校。

6. 改变世界的实验

1886 年，赫兹发现当通过一组线圈对电容器放电时，会产生奇特的现象，即距离不远处的另一组完全相同的线圈会在其未相互连接的末端间出现弧光。赫兹意识到，未相连的线圈中所出现的弧光是接收电磁波所导致的，而电磁波则是由带有放电电容器的线圈所激发的。

于是，倍受鼓舞的赫兹便开始利用这类线圈中的弧光，来探测不可见的射频波动。他不断进行实验，进而证实了电磁波也会展现出反射、折射、衍射和偏振等类光行为。他在导线周围对比真空和空气环境做了大量的实验。赫兹还用沥青做了一块电磁波可穿透的棱镜，他用这块一米多高的棱镜来观察相对显著的反射和折射现象。他朝着由平行导线组成的栅格发射电磁波，进而证实了电磁波会反射或穿过栅格，具体效果取决于栅格的方向。这一结果表明电磁波和光一样是横向的，它们的振动方向垂直于传播方向。赫兹也利用大块的锌板对电磁波进行了反射，并测量了所产生的驻波中抵消零点之间的距离，进而确定了这种波的波长。

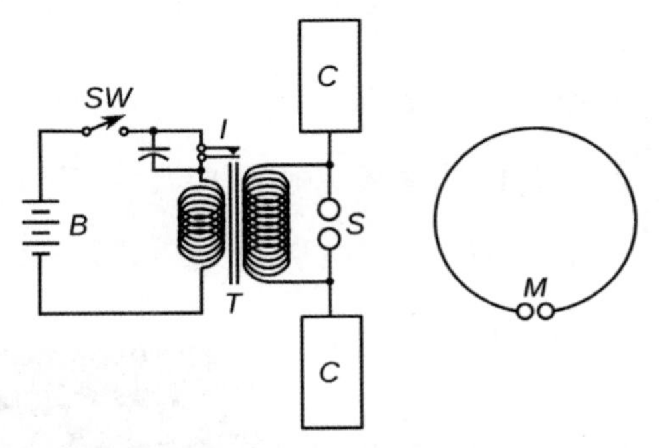

赫兹用来发现电磁波的实验电路。左侧是火花隙发射器，由一对偶极子天线组成，该偶极子天线由两根水平线制成，两端（C）上有金属板以增加电容，它们之间有一个火花隙（S），连接到由电池（B）供电的感应线圈（T）。感应线圈施加到天线上的高压脉冲会在火花隙上产生火花，从而激发天线中的电流驻波，使其辐射电磁波（无线电波）。这些波由右侧这个环形金属接收器探测，该接收器是由一圈导线组成的谐振环形天线，其两端之间有一个微米级火花隙（M）

当赫兹按下线圈初级电路中的开关（SW）时，单个火花会跳过发射天线，产生无线电波脉冲，在接收器环路中产生单个微小的火花。波的频率由充当半波长偶极子的天线长度决定，赫兹使用的短天线在UHF频段产生高频波。值得注意的是，实验装置中的金属间隙出现的电火花并不是电磁波，而是由于电场强度产生了闪烁放电。电磁波由振动的电场和磁场构成，可以在真空中传播，但电火花只是在电荷的加速过程中由于能量的释放而发生。当时实验产生的电磁波的频带宽度很大，最小的波长约为60cm，相应最高的频率约为500MHz。

赫兹通过测量类似回路的发射天线上的电容量和电感量，计算出了电磁辐射的频率，再加上上面的波长数据，他就可以计算这种不可见波的传播速度，该数值与已知的可见光传播速度十分接近。1886年至1889年，赫兹进行了一系列实验，证明他观察到的效应是麦克斯韦预测的电磁波的结果。从1887年11月开始，他向柏林大学的亥姆霍兹发送了一系列论文，包括《绝缘体中的电干扰产生的电磁效应》。

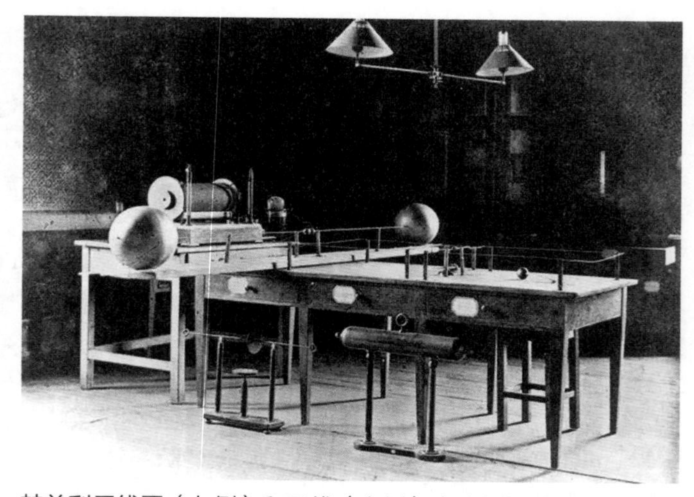

赫兹利用线圈（左侧）和天线（右侧）生成并探测到了可见光范围之外的电磁波（来源：卡尔斯鲁厄理工学院档案）

麦克斯韦假

设光是一种电磁波。赫兹证实了很可能整个宇宙中的不可见电磁波都拥有类似可见光的特性，它们在宇宙中的传播速度也与可见光相同。从推理的角度而言，让众人接受光本身也是一种电磁波的论断，这些启示已经足够了。

注：由于超过了普鲁士科学院悬赏课题的截止时限 1882 年 3 月 1 日，虽然完美实现了课题目标，但赫兹并未因此领到悬赏奖金。

赫兹研究工作的美妙和完备大大补偿了洛奇对于被抢了头条的失望之情。于是，洛奇和菲茨杰拉德开始致力于推广赫兹的发现，他们将这一成果在英国科学促进协会进行讲演，赫维赛德也与赫兹进行了密切的书信往来，共同探讨麦克斯韦的理论。世界各国的科学家们终于接纳了电磁波能够在真空中传播的观点。由于缺少行之有效的力学机制而起初不受欢迎的场论，也在现代物理的绝大多数层面占据了核心地位。麦克斯韦的电磁理论在“麦克斯韦学派”科学家们的共同努力下，取得了决定性胜利！

同时，赫兹的实验也启发了无线电报的发明。早期无线电报的发射装置与赫兹使用的宽波段火花间隙装置类似，这个时期就被称为无线电报的“火花时代”。正是这点点火花，点燃了无数人的激情和梦想，经过一代代人的不断努力，无线电科技蓬勃发展，逐渐形成今天熯天炽地的景象。

然而，就像盗火者普罗米修斯一样，赫兹沿着法拉第、麦克斯韦及亥姆霍兹的足迹“盗取”了“天火”（生成电磁波）为人类造福，他本人却遭受了“惩罚”。1894 年元旦，赫兹因为败血症在德国波恩离世，年仅 36 岁。后人为了纪念他的卓越贡献，1930 年国际单位制使用“赫兹（Hz）”来计量“频率”，即某活动每秒发生的次数。

本章主要参考文献

[1] RABOY M. Marconi: the man who networked the world[M]. Oxford: Oxford University Press, 2016.

[2] HUNT B J. Oliver Heaviside: a first-rate oddity[J]. Physics Today, 2012, 65(11): 48-54.

[3] HUNT B J. The Maxwellians[M]. Ithaca: Cornell University Press, 1991.

[4] 周兆平 . 破解电磁场奥秘的天才麦克斯韦 [M]. 合肥：安徽人民出版社，2009.

[5] 秦关根 . 法拉第 [M]. 北京：中国青年出版社，2010.

[6] 钱长炎 . 赫兹发现电磁波的实验方法及过程 [J]. 物理实验，2005, 25(7): 33-38.

第三章　规则的建立

每一次重大的科学技术变革都对社会产生了深刻影响，在社会经济层面之外，往往也作用在政治和军事上。电磁学是每一位科学家都绕不开的重要学科，由之发展而来的无线电技术在20世纪也备受大国元首们的青睐，这项事关安全与发展的新技术很快成为各国争相发展的目标。因为无线电波的传播不受国界限制，建立国际统一的无线电规则成为各国的共识。制定无线电规则的故事令人不由唏嘘：原来科学技术和国家利益的关系是如此紧密！

1. 加拿大总理引进无线电

1901年12月12日，马可尼跨大西洋无线电通信实验成功之后，媒体的报道让马可尼和无线电成为科学家、政治家和商业精英关注的对象。世界各国开始重视无线电的军事和经济价值，马可尼公司的全球化步伐加快。

其实早在1901年7月，马可尼公司就在北美大陆有了第一个订单。当时加拿大在拉布拉多城堡和魁北克的贝尔岛海岸之间铺设了一条35km的海底电缆，为了防范电缆中断的情况，市政工程部购买了两套无线电设备备用。

加拿大总理威尔弗里德·劳雷尔（Wilfrid Laurier，1841—1919）认识到现代化的通信系统不仅是国家发展的必要条件，也是促使北美洲经济兴起的宝贵资产。他隆重接待了马可尼，并亲自领导了与马可尼公司的合同谈判，于 1902 年 3 月 18 日签署了协议。双方在英国和加拿大设立两个站点，利用无线电跨大西洋进行商业通信。当时，有线电报公司的费用是每个字 25 美分，而马可尼公司的无线链路费用仅为每个字 10 美分。

英国的站点继续使用康沃尔郡的波尔杜站（首次跨大西洋无线电通信实验的发射站），加拿大的站点设在矿业之城格雷斯湾的布莱顿海角。经过紧张的建设和设备调试，1902 年 12 月 21 日，在《泰晤士报》记者的见证下，两个大陆通过无线电报实现了联系。为了增加新闻价值，

马可尼公司在加拿大格雷斯湾的无线电站

马可尼将第一条无线电消息留给加拿大总督明托，用以祝贺新加冕的英国国王爱德华七世。随后，马可尼公司在美国马萨诸塞州南威尔弗利特的基站也建设完成。1903 年 1 月 19 日，美国总统西奥多 · 罗斯福也通过无线电报给爱德华七世发送了问候。

马可尼讨好各国元首不只是为了博取大新闻，他还希望得到外交方面的支持。因为他知道德国政府已经邀请了英国、法国、俄罗斯、意大利、美国、澳大利亚、西班牙和匈牙利于 1903 年 8 月在柏林召开会议起草无线电报的国际公约。德国政府非常重视无线电技术，但对马可尼公司的印象并不友好。德国发起国际会议是为了打破马可尼公司的垄断，扶植本国的无线电产业。

2. 德国皇帝看重无线电

1902 年 2 月，德意志皇帝兼普鲁士国王威廉二世的弟弟亨利亲王代表德国王室对美国进行访问。亨利乘坐威廉皇太子号轮船从德国库克斯港驶出前往美国。通过船上配备的马可尼无线电报系统，在大西洋的航行中他与途经的轮船、灯塔船、港口的无线电台进行沟通，最后与楠塔基特岛（Nantucket）的无线电站取得联系，并向罗斯福总统致以问候。

热爱海洋并擅长外交的亨利对无线电赞叹不已，他原本计划在返回德国途中，在换乘的德意志号轮船上给罗斯福发送礼节性信息。但事与愿违，虽说德意志号轮船和威廉皇太子号轮船同属于一家航运公司，但德意志号安装的是德国斯拉比 – 阿尔科公司（德律风根公司的前身）的无线电设备。马可尼为了加强垄断地位，禁止本公司的电台与其他公司的电台“互联互通”。返回途中楠塔基特岛的马可尼无线电站拒收德意志号发出的信息，令亨利非常恼火。欧洲媒体就此发布多篇文章，愤怒地讲述马可尼公司对德国皇室的侮蔑。

德国无线电专家斯拉比于 1902 年倡议建立国际无线电规则

为了打破马可尼的垄断，威廉二世的科学顾问和无线电专家阿道夫·斯拉比于 1902 年 3 月首次公开提出“建立国际协定，管理信息的无线传播”的倡议。斯拉比此次确实代表了皇帝的态度。在短短几天内，媒体就报道了德国正式向美国、英国、法国递送照会文书，将筹划国际会议就防止公海无线电报垄断事宜进行协商。

19 世纪后半期，邮政和电报这两大国际通信系统已各自建立起相应的政府间组织——“万国邮政联盟”和“国际电报联盟”，二者通过国际协定为各自的领域订立规则。1865 年 5 月 17 日，国际电报联盟在巴黎成立，20 个创始成员签署了首部《国际电报公约》。而新兴的无线电报尚未建立起国际组织和相关规则。

自 19 世纪 50 年代起，通过铺设跨洋海底电缆，英国已经强有力地控制了国际有线电报系统。而当时德国工业和科技已经在欧洲大陆占据优势，雄心勃勃的威廉二世不会坐视英国继续在无线电领域一家独大。在商业价值之外，他还把无线电看作是挑战英国海军霸主地位的重要工具。无线电报成为帝国间激烈竞争的一枚棋子。当马可尼公司被人们认定是英国的公司时，威廉二世决定亲自扶植德国的无线电产业。

注：威廉二世的战略预判在 1914 年第一次世界大战爆发后被证实了。在英德两国宣战仅 4 个小时之内，英国皇家海军就切断了柏林与德国属地乃至中立的美国间的海底电缆。德国只能通过无线电维系与海外的联系。

3. 意大利国王的外交斡旋

尽管公司的落脚点在英国，但马可尼始终惦念着自己的祖国意大利。他将自己的利益与意大利的帝国规划联系在一起，获得了国家的支持。1903 年 3 月 31 日，马可尼与意大利政府的合同被议会高票通过。合同约定政府出资约合 16 万美元，在国王捐赠的科尔塔诺的一块土地上建设无线电发射塔，由此建立与意大利的美洲移民及非洲殖民地的无线电联络。意大利当时在阿根廷和巴尔干半岛诸国拥有特权，以这个合同为先例，马可尼公司在这些地区的业务得到了促进。

由于德国对马可尼公司虎视眈眈，意大利国王试图缓和二者间的紧张关系。1903 年 5 月 4 日，意大利国王维托里奥·埃马努埃莱三世及王后在奎里纳尔宫设宴款待到访的德意志皇帝威廉二世，安排马可尼作陪。当两人被引见时，威廉二世试图表现得真诚友好，他说："马可尼先生，请千万不要认为我对您有任何敌意。我反对的是您公司的政策。”马可尼则回应道：“皇帝陛下，如果我觉得您对我有任何私人敌意的话，我定会不知所措的。但是制定公司政策的人是我。”显然，这场矛盾已经不是一顿饭就能调和的，意大利国王的心血白费了，这场关于无线电反垄断的斗争已剑拔弩张。

1903 年 5 月，从意大利回到柏林后，威廉二世把斯拉比及其学生阿尔科和卡尔·费迪南德·布劳恩（与马可尼并获 1909 年的诺贝尔物理学奖）这三位德国顶尖的无线电专家聚集在一起，由西门子－哈尔斯克公司（Siemens & Halske）与德国通用电力公司（AEG）合资组建无线电报联合公司——就是后来的德律风根公司。德律风根公司很快成为马可尼公司在国际上强有力的竞争对手。两个公司的背后是英德两国的竞争，以亨利事件为契机，在德国的坚决主张下，国际无线电管理秩序的建立被提上了议程。

4. 召开国际会议，制定无线电规则

1903 年 8 月 4 日，首次国际无线电报会议在柏林召开，会议的目标是“奠定无线电报国际制度的基础”。由于只有 9 个国家参会，也未正式列入国际电报联盟的议题框架，所以此次会议也被当作是 1906 年国际无线电报大会的预备会议。

出席1903年柏林无线电报会议的代表

经过9天的商讨，这次会议提出了一套“海上船只和海岸电台之间的无线电报通信往来”的基本原则。协议中，最重要也最具争议的是第一条——“海岸电台理应接收并发送来自或发往海上船只的电报，而不应因为海上船只使用的无线电报系统而区别对待。”各国一致同意应优先考虑遇难船只的援助请求，并同意1875年圣彼得堡《国际电报公约》也适用于无线电信息传输。与会9国中，德国、澳大利亚、西班牙、法国、匈牙利、俄罗斯、美国共7国代表签署了最终协议，仅与马可尼公司利益攸关的英国和意大利保留了意见。形势很明显，马可尼的垄断意图难以为继了。

1906年10月3日至11月3日，第一届国际无线电报大会在柏林举行，共有29个国家或地区的代表参加。大会制定了《国际无线电报公约》，其附件包含了无线电领域的第一份国际规则。后来的历届大会对这些规则进行了扩展和修订，形成了延续至今且全球适用的《无线电规则》（*Radio Regulations*）。会议提案得到了包括英国、意大利、德国、法国及美国在内的27个国家的支持，于1908年7月1日生效。

公约明确规定，无论缔约国船只使用的是哪种电报系统，缔约国海岸电台都应与其进行无线电通信。大会还决定在国际电报联盟下专设立一个办事处，对无线电报行业进行监督并负责公约的修订。这个办事处于1907年5月1日开始运行，成为无线电领域的第一个国际监管机构。

此时无线电通信的主要用户仍然是军队和海运公司，各国与会代表半数以上是军官。这次会议并不仅是为了反制马可尼公司的垄断，全球无线电的联络秩序和行业规范也得以在无线电报的初期阶段就建立起来（并持续修订完善），为日后无线电科技与应用的蓬勃发展奠定了秩序基础。

注：1906年公约首次提出海岸电台、船舶电台等术语和概念解释，规定装设无线电台必须首先获得各缔约国政府颁发的执照，各国间应相互通报本国无线电台名称及其详细信息；无线电报只能用于船舶电台与海岸电台间的公众通信；海岸电台应通过专用线路接入陆地有线电报系统；任何电台不得干扰其他电台正常工作；所有无线电台应绝对优先处置船舶遇险呼叫，并按船舶要求采取必要行动；还规定了电报业务分类及收费规则等事宜。

公约的附则确定了无线电报通信业务规则、电报收递工作流程、电报操作资质认证、资费与结算程序等事宜，并规定普通公众无线电报通信专用波长为300m和600m，海岸电台可以选择其中之一作为工作波长，不得使用其他波长工作；各国政府可授权海岸电台使用600m以下或1600m以上波长以供其他通信业务或扩展通信距离之需；船舶电台工作波长通常为300m，最长不得超过600m；船舶电台通信设备应该是可调谐系统，发射功率一般不得超过1kW，收发报速度不得低于每分钟12字（每字按5个字母计）；普通公众无线电报通信业务应采用国际莫尔斯电码发射；船舶遇险紧急呼救具有最高通信优先等级；无线电通信遇险呼救信号为“SOS”等内容。

5. 英国的无线电立法

从世界范围来看，无线电立法几乎与无线电技术发展同步而行。与会各国不仅要遵守大会的协约与制定的规则，还需要将国际法转为国内法来履行国际义务。在1903年的柏林预备会议后，英国就率先着手制定本国的无线电法规，成为无线电立法最早的国家。1904年8月15日，英国《无线电报法令》（*Wireless Telegraphy Act*）正式通过，于1905年1月1日生效。它将无线电报的控制权授予政府，由政府（邮政总局）对无线电通信网络实施监管。在英国陆地和海上的任何无线电操作都需要持有政府颁发的许可证并缴纳许可费。英国对无线电的立法也带动了英联邦国家，加拿大和澳大利亚的立法紧随其后。

注：新西兰早在1903年9月26日出台了关于无线电报的法案，但其目的并不是为了建立行业规范，而是限制无线电报的使用。这部法案规定只允许政府使用无线电通信，其他人如擅自使用无线电，将

被罚款 500 英镑并没收设备。

1912 年 4 月 14 日，发生了震惊世界的泰坦尼克号沉没事件。6 月 4 日，第二届国际无线电报大会在伦敦召开。在这次灾难的笼罩下，这次会议比前两次更容易地达成了共识。会议修订了 1906 年公约，完善了内部沟通机制。公约的第三条更新为“海岸无线电台和船只上的无线电台一定都要依据电台所适用的无线电系统相互交换无线电报”。会议继续修订了 1875 年圣彼得堡《国际电报公约》的一些条款，使之更适用于无线电报。

泰坦尼克号邮轮撞上冰山后，船上马可尼公司的电报员交替发出了马可尼公司使用的求救信号 CQD 和新的国际标准求救信号 SOS

会议还建立了一套至今仍在使用的无线电台呼号命名规则。它给每个国家或地区指定 2 个或 3 个英文字母的国家代码作为前缀，其后再由国家的无线电管理机构为具体电台指定识别码，这样构成电台的唯一识别码。该公约于 1913 年 7 月 1 日生效。

注：该公约做出如下修订和增补：从事普通公众无线电报通信业务的海岸电台必须配置能工作于 300m 和 600m 两个波长的通信设备，但可指定其中之一为工作波长；船舶电台应能工作于 300m 和 600m 两个波长，600m 为守听波长；无论是海岸电台还是船舶电台，其通信设备的收发报速度不得低于每分钟 20 字；火花式发报机仅可用于遇险呼叫通信；任何电台在接收到遇险报警后，应立即终止其他一切工作，并专注于与遇险船舶通信，直至遇险通信结束；船舶电台电报员操作资质认证分为一、二 2 个等级；船舶电台分为全时开放、定时开放和不定时开放 3 种，海岸电台应尽可能全时开放；管理当局应设法为其海岸电台提供本地区气象信息，以备船舶查询之需；气象电报不超过 20 字，与普通电报同样收费；签署国政府应指定部分船舶承担气象观测职责，这些船舶应每天向相关海岸电台报告一次；时间信号和气象电报应按顺序逐一发射，每次发射总时长不得超过 10 分钟，发射期间其他电台应保持静默；电信管理机构应将海岸电台获得的有关海上沉船、物品损失、人员伤亡，以及有碍船舶航行等信息，及时向海事信息管理机构通报。

在英国政府的积极倡导下，1913 年年底，首次国际海上人命安全会议在伦敦召开。1914 年 1 月出台了《国际海上人命安全公约》（SOLAS），成为如今支撑国际海事组织（IMO）法律体系的三大公约之一。它规定：5000t 以上的轮船必须安装无线电收发报机，并且必须 24 小时都有人值班守听。

和大多数国家一样，英国的无线电管理早期是出于确保安全防止干扰的目的。从 1949 年开始，英国注意到无线电频率资源的稀缺性和商业使用价值，立法管制逐渐转型，开始注重资源配置与事业发展结合。

6. 美国的无线电立法和管理

在新兴的北美大陆上，比起加拿大，马可尼更早地把落脚点放在了美国。马可尼公司于 1899 年 11 月 22 日在美国注册成立了美国马可尼无线电报公司，它完全听命于其英国母公司。在美国，和它竞争的主要有 3 家本土公司：通用电气公司、美国电话电报公司（即 AT&T）和西屋电气公司。通过研究创新、严密的专利保护，以及借助母公司全球无线电网络的优势，美国马可尼无线电报公司逐渐成为美国无线电通信领域的主导力量。

无线电不仅吸引着企业家和政治家的目光，因其神秘而实用的特点，时髦的无线电技术很快受到科技爱好者们的追捧。美国著名科幻作家、电气工程师雨果·根斯巴克（Hugo Gernsback，1884—1967）在 1910 年创建了美国无线电协会（WAOA），并先后创办了 3 本业余无线电杂志。随后美国各地的业余无线电俱乐部如雨后春笋般冒了出来。1912 年 3 月，美国已有 40 万业余无线电操作者，不管从企业还是从政府的角度来看，这都要被当作一个问题来认真对待了。

泰坦尼克号沉船事件也推动了美国国会立法。巨轮沉没当晚，狂热的无线电爱好者通过无线电台收听到了来自救援船的只言片语就向媒体发布信息，一时导致新闻报道的混乱。1912 年 8 月 12 日，美国颁布了首部综合性的、广泛适用的《无线电法》（*Radio Act*）。该法授权商务和劳工部根据申请授予公民特定频率的使用权，以减少海上轮船、公司和业余无线电台之间的无线电干扰。依据这项法规，要经营无线电系统必须持有政府颁发的许可证。

此时，马可尼公司利用合同和专利在意大利、英国及其殖民地（如加拿大和澳大利亚）建立了垄断地位，除此以外的国家仍是开放的市场。德国、法国和日本已经研发了属于自己的设备（日本是自行仿制了马可尼的设备）。当美国马可尼无线电报公司逐渐成为美国无线电市场主导时，它唯一的阻碍是美国海军。由于不满马可尼公司“设备只租不售和派驻电报员进行操作”的经营模式，美国海军起初使用了德律风根和德·福雷斯特设备。

7. 频段越用越宽

1912 年美国的《无线电法》本来是为了控制无线电通信领域的无管制涌入，但众多业余无线电爱好者仍然占领着空中的电波。这项法案使业余无线电爱好者群体首次得到认可，但他们被限制只能使用 200m 以下的波段（频率为 1.5MHz 以上）。在当时的技术条件下，人们普遍认为长波可以扩展通信距离。而 200m 以下的“短波”被认为无使用价值。军方和商业公司期望通过法令把业余无线电爱好者驱赶到这无用的波段内，迫使他们最终放弃这项爱好，从而避免对军事和商业无线电的侵扰。

虽然法令实施后业余无线电爱好者的人数曾暂时有所下降，但这个群体很快又壮大起来。1913 年美国获得许可证的业余电台数量为 322 个，到 1917 年数量已达 13581 个，并且据估计还有多达 15 万的无证接收器。爱好者们通过坚持和智慧证明了短波的价值。一方面，他们通过相互接力转播而延伸有效的通信距离。为了将接力转播的电台组织起来把消息传递得更远，1914 年 4 月 6 日，爱好者们组建了美国无线电中继联盟（American Radio Relay League，ARRL）。另一方面，他们通过不断摸索和创新，促进了新生真空管的应用和超外差技术的推广，用更短的波长把信息传送得更远，证实了更高频段的通信价值，无线电频段越用越宽！

1914 年第一次世界大战爆发后，美国保持中立。后来德国发起无限制潜艇战，威胁到美国的商业海运。1917 年 4 月 2 日，美国总统伍德罗·威尔逊发表演讲宣战。当时业余无线电爱好者通过自己的电台可以收听海上舰船的通信内容。为了保证信息安全，美国海军实施了首次无线电管制。在宣战 5 天之内，海军就接管了国内所有无线电操作。在严格的管控下，爱好者们被命令关闭并拆除电台。几周内，仅纽约警方就关闭了 800 多个电台。军方还限制了无线电设备的生产和销售。战后直至 1919 年 4 月，美国海军才取消了这项禁令。

8. 为了国家利益争夺无线电空间

战争结束后，1919 年年初，威尔逊总统倡议组建国际组织——国际联盟（简称“国联”）。在建立国际新秩序的同时，威尔逊认为战后的大国地位将由 3 个因素决定：石油、运输和通信。美国在石油领域已经领先，而英国在运输和电报通信方面的地位无法撼动，只有在新兴的无线电领域还尚有可为，如果美国在无线电领域取得主导权，英美两个强国就成了平手。为了确保西半球的无线电通信优势，威尔逊决心在无线电领域和对手们一争高下。

无线电频率是有限的，在一定区域范围内，同一个频率只能被一家电报用户使用。海军的将领很早就认识到无线电是天然的垄断行业，应由政府对其进行有效控制。美国海军部长约瑟夫斯·丹尼尔斯和邮政总局局长阿尔伯特·布勒松一致认为无线电的国家所有制更符合国家利益。于是，在海军和政府的撮合下，1919 年 10 月 17 日，美国马可尼无线电报公司的资产和战时美国海军划拨的电台，被并入一家新成立的由通用电气公司控股的上市公司——美国无线电公司（Radio Corporation of America，RCA）。

美国海军不再完全掌控无线电，而是将无线电市场寄希望于这家与国家利益保持一致的企业。很快美国无线电公司就以“军工复合体”的形式，成为全世界最大的无线电通信公司及美国国家电信政策的代言人。于是，美国早期对无线电的管理和运营，就这样被政府、军队和市场的意志融合在了一起。1921 年，美国无线电公司与西屋电气公司、通用电气公司、美国电话电报公司等生产厂商实现了专利权的交换与共享，进一步加速了无线电整机与元器件的科技研发与工业生产。

9. 新技术催生新的规则秩序

第一次世界大战期间，国际电报联盟仍在继续其技术工作，但直到 1925 年 10 月，国际电报联盟才在巴黎召开大会。世界各地的业余无线电爱好者们也一直在推动技术的进步和规则的完善。1925 年 4

月 18 日，来自欧洲、美洲和亚洲的 23 个国家的代表齐聚巴黎，宣告成立国际业余无线电联盟（International Amateur Radio Union，IARU）。联盟的总部设在美国康涅狄格州的纽因顿市，由美国无线电中继联盟（ARRL）负责其秘书处的运作。

注：ARRL 的全称在今天已经失去当初的意义，现在这 4 个字母实际上已经变成“美国业余无线电协会”的英文简称。

美国电气工程师和无线电技术先驱，李·德·福雷斯特发明了真空三极管。他手里小管是无线电接收器中使用的 1W 低功率管；大管是无线电发射机中使用的 250W 高功率管，他称之为“振荡器”

在 20 世纪 20 年代，无线电用户量迅速增长，无线电技术也获得很多重大突破，其中最重要的技术革新是真空管。真空二极管与真空三极管一起被称为真空管。真空管不仅可以控制发射的强度，还可以精确控制频率，发送连续稳定的高频振荡信号。这样，无线电波不仅可以传递断断续续的莫尔斯电码，还使传递语言、音乐等连续的声音信号成为可能。

这种连续的无线电波很快被应用在无线广播中，一个新的无线电行业诞生，无线广播时代来临了！众多无线广播电台建起来，收音机开始热销。无线广播成为一种新兴的大众媒介，深刻改变了人们的生活。

美国关注到无线电资源的稀缺性和巨大商业价值，国家的立法方向开始转型。国会在 1927 年颁布了新的《无线电法》（*Radio Act*），授权联邦无线电委员会（Federal Radio Commission，FRC）管理无线电频率，旨在通过一定意义的独占使用促进无线电产业的发展。截至 1941 年，美国共售出 1300 多万台收音机。在无线广播发展的前 20 年，美国无线电设备的总销售额从 500 万美元暴增至 4.6 亿美元。

电影《无线电时代》海报

10. 划时代的国际无线电报大会

由于第一次世界大战，原本计划 1917 年召开的第三届国际无线电报大会一直被推迟。战后由于新技术新业务的迅猛发展，会议的议题计划不断改变。直到 1927 年，美国争取到了大会的承办权。这一年，无线电抢走了有线通信国际业务的一半业务量，新通信格局下的国际无线电秩序呼之欲出。

1927 年 10 月 4 日，第三届国际无线电报大会在华盛顿召开。这次会议是在欧洲以外召开的最大规模的政府间会议，有来自 80 个国家和地区的 300 多位代表参加。美国总统约翰·卡尔文·柯立芝（John Calvin Coolidge，1872—1933）为大会致辞。他在致辞中动情地讲道：在信息可以通过无线电波传播的 30 年以来，通信已经成了文明的重要支柱之一。因其低廉的成本，无线电波可以覆盖地球上任何的偏僻角落。如此重要的远距离通信工具有造福人类的巨大力量，必然需要国家及国际的规范和控制。

在 1912 年上一届国际无线电报大会召开时，无线电只是海上船只之间的通信手段。此时，世界各国的空中已经充斥着数不清的无线电信号。为了避免混乱，与会各国已经达成共识——无线电频率必须有序组织管理。会议的首要任务就放在了频率的使用权分配问题上，明晰地为固定、水上和航空移动、广播、业余及实验性无线电业务划分了频段，定义了无线电干扰及其控制方法，还成立了国际无线电咨询委员会（CCIR），使国际无线电管理进入了全新的更加规范的阶段。

随着无线广播和无线电话等新技术的应用和发展，无线电报已经不再是无线电业务的唯一核心。1932 年召开的马德里国际无线电报大会将国际电报联盟改名为国际电信联盟（ITU，简称“国际电联”），并签署了《国际电信公约》和《无线电规则》，国际无线电管理的体制及规范进一步健全和完善。

11. 无线电频谱资源彰显价值

把无线电业务的频率像乐谱一样从低到高排列起来，就组成了无线电频谱。随着各类无线电业务量的剧增，它作为一种特殊资源的经济价值逐渐被人们看重。如何分配好、利用好这种特殊的公共资源，首先被发达国家重视起来。诺贝尔经济学奖得主、美国经济学家罗纳德·科斯（Ronald H.Coase，1910—2013，被誉为“频率政策改革之父”）早年在大学任教期间通过对无线广播等公共资源分配方式的研究，于1959年提出了科斯定理。其核心思想就是：产权是市场交换的前提。科斯定理为无线电频谱的市场化交易打下了理论基础。

1991年诺贝尔经济学奖得主、美国经济学家科斯

1989年，新西兰首次对无线电频谱实行了拍卖。1994年，美国进行了第一次无线电频谱拍卖。随后，众多其他欧美国家也开始对无线电频谱的产权市场化进行了尝试，全球电信产业随之进入了一个新的发展阶段，各类无线电业务更加便捷、深入地服务于大众。

2000年，德国的第三代移动通信（3G）频谱单笔拍卖成交价高达510亿欧元。1994年至2015年，美国共组织了96场频谱拍卖。其中2015年的拍卖，为美国政府带来了450亿美元的净收入。

12. 面向太空的规则

无线电具有一种令人向往和憧憬的神秘气息。英国著名的科幻作家亚瑟·克拉克（Arthur Charles Clarke，1917—2008）曾在第二次世界大战期间担任英国皇家空军的雷达技师，参与过预警雷达防御系统的研制。1945 年战后，他设想如果将大型推力火箭用于发射人造卫星，在地球赤道上空 3.6 万千米的地球同步轨道上，以围绕地心 120° 的间隔角度发射 3 颗卫星，卫星的信号就可以覆盖全球，就能够承担起中继全球无线电通信的任务。

1957 年 10 月 4 日，随着苏联发射了世界上第一颗人造地球卫星，人类进入了太空时代。美苏两个大国的“太空竞赛”开始了。不久之后，卫星真的开始用于通信。1960 年，美国发射了无源“回声 1 号”（Echo-1）卫星。随后 1962 年，第一颗有源中继通信卫星 Telstar-1（法英美联合项目）发射。当年的 7 月 23 日，这颗卫星使大西洋两岸的人们能够同时观看直播电视节目。

当卫星划过天空时，地面要接收卫星的信号必须跟踪其运动轨迹。而更有效且经济的方案就是克拉克的想法——地球同步卫星。1964 年 8 月 19 日，由美国发射的“辛康 3 号”通信卫星，进入倾角为 0° 的地球同步轨道，定点在东经 180° 的赤道上空，为欧洲和北美各国转播了东京奥运会开幕式的盛况。克拉克的大胆设想终于在 19 年后实现了！

Telstar-1 通信卫星，背景为北美洲星云

其实，和无线电频谱一样，地球周围的地球同步（静止）轨道（Geostationary Orbit，GSO）和非地球同步轨道（Non-Geostationary

Orbit，NGSO）也是有限的自然资源。它们都需要以公平的方式共同使用，而且要避免相互干扰。国际电联意识到管理这些资源对于国际社会的重要性，于 1959 年召开了第一次全球卫星会议。1963 年，国际电联部分成员国在日内瓦召开了空间通信特别行政大会，研究了对地球同步轨道和相关频段进行管理的事项，为各种业务划分频率。后来召开的大会进一步划分了频率，并制定了卫星轨道位置的使用规则。就这样，国际社会对卫星轨道资源的管理，伴随人类进入太空时代起步了。

13. 中国的无线电发展和管理

中国于 1920 年加入了国际电报联盟，1932 年参加了国际电联全权代表大会。中华人民共和国于 1971 年恢复了在联合国的合法席位后，1972 年 5 月，国际电联恢复了中华人民共和国的合法席位。此后，我国积极参加国际电联有关无线电管理事务，有效维护国家的无线电频谱和卫星轨道资源权益，在国际无线电管理领域的影响力不断提升。

无线电频谱也给我国带来了巨大的经济增长。相关机构通过研究国内 1999 年至 2005 年生产要素对经济增长的贡献率，测算得出当时无线电频谱资源的贡献率为 4.61%，已经超过了人力资本对经济增长的贡献率。近年来，由于国家信息化进程的加快，无线电频谱资源的贡献率也必然日益攀升。截至 2022 年年底，我国的移动通信用户数量达 16.82 亿户，稳居世界首位。我国早已是名副其实的无线电大国。

《中华人民共和国民法典》第 252 条、《中华人民共和国无线电管理条例》第 3 条均明确规定：“无线电频谱资源属于国家所有。”依据现行的无线电管理法规体系，我国无线电管理工作在国务院、中央军事委员会的统一领导下分工管理、分级负责，贯彻科学管理、保护资源、保障安全、促进发展的方针。工业和信息化部的内设机构无线电管理局（国家无线电办公室）是负责全国无线电管理工作的职能部门。我国已建立起从国家到地方的强大而精干的无线电管理队伍，通过法律、行政、经济、技术手段综合管理国家的无线电频谱和卫星轨道资源，服务千行百业。

本章主要参考文献

[1] RABOY M. Marconi: the man who networked the world[M]. Oxford: Oxford University Press, 2016.

[2] Overview of ITU's History[EB]. 2020-11.

[3] CAVE M, WEBB W. Spectrum management: using the airwaves for maximum social and economic benefit[M]. Cambridge: Cambridge University Press, 2015.

[4] COASE R H.The federal communications commission[J]. The Journal of Law & Economics, 1959(2).

[5] 钱晓东 .《无线电规则》及其航海保障相关条款百年沿革 (上)[J]. 中国海事 , 2021(3): 76-77.

[6] 龙卫球 , 夏春利 . 无线电法国别研究 [M]. 北京 : 法律出版社 , 2014.

[7] 翁木云 , 张其星 , 谢绍斌 , 等 . 频谱管理与监测 [M]. 北京 : 电子工业出版社 , 2009: 7-12.

第四章　从海洋到陆地

战争冲突是人类对抗的最高形式。从某种意义上讲，人类发展史就是一部无休止的战争史，战争始终伴随着人类的历史进程。在人类几千年的战争史中，有数次革命性的科技发明使战争模式、战争手段、战争破坏力发生巨大变化。其中，冷兵器的出现、火药的使用、核武器的发明等都从根本上改变了战争双方的硬实力。每每新技术、新武器的灵活应用都可以实现优势方的“降维打击”。无线电报的商用是从水上业务开始的，而从海洋到陆地的业务拓展则是由军用业务开启的。无线电技术诞生不久便走上了军用与民用结合之路。

1. 无线电带来新竞争和新战场

恩格斯曾指出：“每个在战史上因采用新办法而创造了新纪元的伟大将领，不是新的物质手段的发明者，便是以正确的方法运用以前发明的新器材的第一人。”无线电报技术诞生后，自然吸引了军方的注意。军事上的应用扩展了无线电的应用场景，无线电的需求开始从海洋走向陆地。

（1）无线电首次被用于战争

马可尼并不是无线电技术的唯一发明者，但他是最早将无线电报成功进行商业化运作的人。马可尼公司的无线电报业务是从海上开始的。受陆地有线电报特许经营权的限制，无线电业务无法争夺有线电报的市场。海上通信的业务量不足以支撑公司的扩大发展，马可尼开始寻求新的商机。

1893 年，英国的南非属地发现了“兰德大金矿”。有了这个金矿，由当地布尔人（阿非利坎人的旧称）领导的德兰士瓦政府的钱袋子鼓了起来，甚至开始与开普敦的英国总督势均力敌。双方经过长期的谈判和角力终未换来和平。英国为了加强对南非殖民地的控制，不惜动用武力推翻德兰士瓦政府。1899 年 10 月 11 日，爆发了第二次布尔战争。这场持续 3 年的战争终结了英国的海外扩张史，推动了南非联邦的形成，为日后加拿大、澳大利亚和新西兰成为自治领做了铺垫。

这场战争，布尔人把大英帝国拉下神坛，还使许多重要的近现代作战理论初露端倪，展示了新的战争形态。战争中布尔人全民动员、平战结合、兵民结合的作战策略扩大了游击战的影响。这场战争不但丰富了现代军事理论，在装备技术方面也影响深远。

在开战之前，南非德兰士瓦政府主管电报事务的官员图森伯格得知新兴的无线电报技术已经在英国出现，他认为这种“不需要电线就可以收发电报”的仪器若用于战争，将便于山区里的部队之间进行通信。

当时马可尼公司的商业策略是只租不售，令英国和意大利之外的别国军队难以合作。经过一番调查，1899 年 8 月，南非方面最终选择了更为便宜的德国设备，与西门子－哈尔斯克公司签下了购买 6 套无线电报设备的订单。这是世界上第一个军方采购商用无线电设备的订单。但这些设备在开战后才抵达南非开普敦港，不幸被英国控制的海关没收了。如今，这些设备被陈列在南非布尔战争博物馆里。

1899 年，在英国控制的开普敦港海关被截获的无线电报机。时至今日，无线电设备依然是各国海关控制和严查的进出口设备

与此同时，英国军方也认识到无线电报的作用。马可尼公司终于得到第一份来自政府机构——英国作战部的合同。1899 年 11 月 24 日，马可尼公司的 6 位工程师带着 5 套无线电设备搭乘运兵船抵达了开普敦港。这些原本是船上用的设备，就地经过改良投入陆地战场。在对设备的改良和调试中，皇家工兵还拆用了海关没收的德国无线电配件。虽然调试后的演示效果还可以，但作战部队很快发现这些设备在战场上并不好用，还显得笨重，不到两个月就退回了这些设备。

这些被陆军弃用的设备很快被皇家海军接管了。1900 年 3 月，这 5 套设备被安装在奉命封锁德拉瓜湾（Delagoa Bay，现莫桑比克的马普托湾）的巡洋舰上。这些设备在海上的运行状态就令军方满意多了。

1899 年的南非战场上，马可尼无线电设备部署在英国军用帐篷下，风筝天线伸向了天空

有了这次实战检验，1900 年 7 月，英国皇家海军为 28 艘军舰和 4 个陆地站点配备了马可尼公司的设备。

由于马可尼公司的设备先前都应用在海上，缺乏在陆地上部署的实践经验，通信效果让陆军很不满意。但对无线电技术来说，这是很重要的一次突破，这是无线电在战争中的首次应用，也是产品级的无线电设备从海洋走向陆地的一次让人印象深刻的尝试。现在，我们分析这些设备在陆地战场上不好用的原因，很可能是干燥的地面与海面环境之间的电导率差异巨大，以及天线长度不匹配。

注：由于海水是良导体，且设备缺乏调谐功能，早期无线电设备在海上的接地效果要比陆地上好得多。

关于这场战争另有值得一提的是，日后领导英国参加第二次世界大战的首相温斯顿·伦纳德·斯宾塞·丘吉尔（Winston Leonard Spencer Churchill，1874—1965）在 1899 年作为随军记者，先于马可尼的设备一个多月到了南非，但两周之后就被布尔人俘虏了。12月，勇武的丘吉尔竟然独自越狱成功。1900 年 3 月，回国后他因此而声名大噪，开始步入政坛。

（2）无线电对抗的起源

无线电技术诞生初期，通信基本是“靠天吃饭”，人们连气象条件带来的自然干扰都毫无招架之功，第一次无线电对抗也在这一时期诞生了。1901 年 9 月，第 11 届美洲杯帆船赛中，来自美国的“哥伦比亚号”和英国的“沙姆罗克号”争夺冠军，美国马可尼无线电报公司应邀用无线电实时报道赛况。这是马可尼公司第二次受邀进行赛况的报道，原本应该轻车熟路、志在必得，但没想到半路杀出个程咬金——美国电话电报公司（AT&T）。

AT&T 公司的格林利夫·皮卡德在赛前对需要发送的信息进行了“编码”，如果美国领先，就拍发一个莫尔斯电码中的“划”，如果英国领先，就拍发两个“划”，平手的话就拍发 3 个“划”，表面看起来也没什么，但这些“划”的时间居然长达 10s，而且该公司使用的发射机是为比赛专门制造的，比对手功率更大，这意味着只要它一工作别人就休想正常收信。更过分的是，在赛艇冲过终点线后，他们直接用重物压住了发射电键，直到 1 小时 15 分后发射机电池电量耗尽，从而发出了无线电报史上最长的一个“划”。就这样，世界首个电子对抗的案例，竟然发生在体育新闻报道上。

（3）电子战即将登场

在中国古代神话小说《封神演义》中记述了这样一对兄弟：一位眼似金灯，巨口獠牙，可远观千里，人称“千里眼”；一位口如血盆，顶生双角，能耳听八方，名曰“顺风耳”。这二位桃精柳怪，曾为商纣王所用，凭借非凡法力把周军的排兵布阵摸得一清二楚，一度让姜子牙愁眉不展。后经高人指点，周军派出了2000名旗手疯狂摇旗，以遮蔽“千里眼”的视线，同时令1000名鼓手不停擂鼓，以扰乱“顺风耳”的听力，成功破解了二人法力，最终获得了胜利。

谁又能想到，无线电技术的发展，让这段关于公元前11世纪的神话传说与3000年后的现实世界产生了神奇的交汇点。在战场上，雷达和通信设备已经具备了“千里眼”和“顺风耳”的能力，而那迎风招展的千面旗帜正如迷惑雷达的大量假目标，那震耳欲聋的喧天锣鼓也恰似淹没通信信道的高功率噪声，电子干扰亦成为“千里眼”“顺风耳”的现代化破解之道。

随着科技的进步，在有形的战场之外，又增添了一种无形战场，这就是“电子战”。电子战是指敌对双方争夺电磁频谱使用和控制权的军事斗争，包括电子侦察与反侦察、电子干扰和反干扰、电子摧毁与反摧毁等。这里不是战场，却有着战场上的紧张激烈；这里没有硝烟，无形的攻击却和隆隆的炮火一样猛烈。

电子战是伴随着无线电技术的应用发展应运而生的。由于无线电不需要导线连接，这个特性很好地解决了原来海上船与船之间、船与陆地之间存在的通信难题。于是，在19世纪末20世纪初，世界上拥有强大海军的国家，如英国、美国、德国、俄国、日本等相继为军舰装上了无线电设备。

无线电技术的发展为电子战的产生奠定了基础，而战场又为电子战提供了舞台。在 20 世纪初影响巨大的两场战争，即 1904—1905 年的日俄战争和 1914—1918 年的第一次世界大战中，电子战的萌芽逐步形成，无线电的威力初步显现，因为早期的电子战以无线电截获侦听、预警指挥、简单干扰为主，战争双方谁能更好地使用无线电新技术、新装备，谁就将在战场上获得优势，赢得主动。

2. 无线电亮相日俄战争

1904 年 2 月到 1905 年 9 月，日本和俄国为了争夺亚洲及太平洋霸权，在中国和朝鲜领土及海域进行了 19 个月的战争，这场战争对远东及世界的形势都产生了重大影响。在这场战争中，俄国投入兵力 120 万人，日本投入 109 万人，双方伤亡共计 54.6 万人，是帝国主义时代第一次大规模的国际性战争。其中在 3 次战役中，无线电都起到了关键性的作用。可以说是小战役，小应用；大战役，大应用。无线电技术运用得好，战斗取胜；运用得不好，战斗失败。

（1）无线电预警初露锋芒

1904 年年初，俄国第一太平洋舰队已经驻扎在远东的符拉迪沃斯托克（海参崴）和几年前侵占的辽宁旅顺港军事基地。日本决定先攻打下旅顺港，这样就能更好地控制辽东半岛。

俄军陆地上所用无线电设备

从 1904 年 2 月 8 日开始，日本联合舰队司令东乡平八郎（1848—1934）指挥日舰多次袭击驻扎在旅顺港的俄军舰队。当时，俄军在旅顺港沿岸陆地上已经装备了从德国西门子公司购置的较为先进的无线电设备。一天清晨，海上大雾弥漫，能见度很低，俄军陆地上刚值完夜班的无线电报务员没有一点懈怠，仍坚守在无线电接收机前。突然，耳机里响起了微弱的无线电信号，之后信号强度越来越大。报务员怀疑这是日本军舰上发出的无线电信号，而且很可能是日舰趁着大雾做掩护来袭。报务员迅速向俄国舰队和海岸炮兵发出即将受到攻击的预警。俄军立即进入了戒备状态，提前做好了对抗日本袭击准备。果真，过了不久，日军舰队开始袭击旅顺港。但由于俄军已经有所防备，日军突袭失败。这是世界上第一次利用无线电信号对敌方的袭击提前发出警报的电子预警。

（2）无线电干扰显身手

新上任的俄国太平洋舰队司令马卡罗夫（1849—1904）不仅是一位海军将领，同时还是一位科学家，他在海洋学和极地探险方面有所建树。他对无线电这个新生事物极其重视，1904 年 3 月 7 日，他下发了一道作战命令明确规定：应该把敌人的电报全部都记录下来。而后，指挥员应该采取一切措施判明敌军上级的呼叫和回答信号，如果可能的话，应该判明电报的涵义。

自开战一个多月以来，由于俄军一直躲在旅顺港内，而旅顺港两侧有山体掩护，日军也一直难以攻克。东乡平八郎决定，调来两艘装甲巡洋舰去炮轰旅顺港，同时派一艘小舰艇隐蔽在港口入口处观察炮弹着地点，然后通过无线电把炮弹的修正指令传给装甲巡洋舰，这样就能准确打击旅顺港内的俄军舰只。

日俄战争期间，停在旅顺港口的俄军军舰

3 月 8 日，日军开始行动，3 艘日舰按照之前制定的作战计划分别驶向旅顺港。俄军无线电报务员再次监听到日军无线电信号，又通知俄军做好了还击的准备。日军的两艘装甲巡洋舰很快就开始了第一轮射击，但炮弹散落在港口各地，命中率很低。而那艘小舰艇则隐蔽在港口附近的山脚下进行观察，舰上军官紧急计算着炮弹爆炸点与俄军军舰距离的修正数据，并把修正数据通过无线电传给两艘装甲巡洋舰。当时日军对无线电通信并没有保密意识，他们发出的信号很快就被俄军的无线电报务员所截获。虽然截获了信号，但俄军报务员却只能干着急，眼巴巴看着日军在发送这么重要的信息而束手无策。

突然，俄军报务员急中生智，他们把无线电设备调试到日军的发报频率，并不间断地胡乱按下信号发射键。没想到，惊喜出现了。由于当时日本舰队没有足够的资金购买昂贵的无线电设备，只能从马可尼公司买了几部火花式发报机，然后按照其结构自己进行了仿制，但仿制的发报机总体性能并不很好。俄军无线电设备一发射同频信号，日军的无线电接收机就受到了很大干扰，根本无法接收有效信息。日军的装甲巡洋舰没有准确的修正信息，而且俄军舰队和岸炮还在进行猛烈还击，所以日军只能打道回府，再次撤退。

这个误打误撞的操作却是电子战历史上第一次为妨碍或阻止敌方无线电通信发挥正常效能而进行的无线电通信干扰，也是世界上第一次在军事行动中实施的电子干扰。

（3）大海战中的无线电角逐

俄军虽然在这两次小战斗中由于较好地使用了无线电，取得了一些成功，但在接下来的一场决定整场战争胜负走向的大规模海战中，却因为忽视无线电的作用惨遭大败，这就是对马海战。

1904 年 10 月，为了增援俄军的第一太平洋舰队，沙皇决定派罗泽斯特文斯基（1848—1909）率领以波罗的海舰队为主力组建的第二太平洋舰队东征，38 艘各类船舰从芬兰湾起航，经大西洋向南，越过非洲好望角，穿过马六甲海峡，于 1905 年 4 月与俄军第三太平洋舰队在越南金兰湾汇合。5 月到达中国东海海域，历时约 200 天，航程达 18000 英里（约 28698km）。随后，他们准备穿过对马海峡到达符拉迪沃斯托克（海参崴），与那里的俄军第一太平洋舰队汇合。

东乡平八郎预测俄军会选择通过对马海峡，因此他布置了大量舰艇在对马海峡附近担负巡逻监听任务，还在对马岛附近部署了一艘军舰，作为巡逻舰艇与司令部之间进行无线电通信的中继站。而俄军司令罗泽斯特文斯基权衡利弊后则命令舰队采取隐蔽措施，尽可能保持无线电静默，防止暴露舰船位置。

注：无线电静默是指出于安全、保密或其他理由，某一区域固定式或移动式的无线电设备只接收而不发送信号。

5 月 25 日，朝鲜海峡内，俄舰队巡洋舰“乌拉尔号”上的大功率无线电装备开始接收到日军无线电信号，而且越向北航行，信号越强，舰长向罗泽斯特文斯基汇报，但罗泽斯特文斯基没有理会，命令舰队继续向北航行。

5 月 27 日凌晨，大雾，在对马海峡南口五岛列岛附近，日军的一艘侦察船突然发现了俄军舰队，赶忙用无线电将这一重要信息发给了日军司令部，且用的是事先约定好的“今天天气晴朗，但海浪很高”的密码电报，其译文为“发现敌舰队”。但由于距离日军司令部和中继站较远，天气情况也不好，日军司令部和中继站并没有收到消息。与此同时，俄军也发现了日军侦察船，并且“乌拉尔号”也收到了日军无线电信号。“乌拉尔号”舰长请求对日舰实施无线电干扰，为俄舰队通过对马海峡争取足够多的时间，但罗泽斯特文斯基依旧没有同意，下令继续前进。

终于，日军侦察船与中继站取得了联系，将发现俄舰的消息用无线电传了出去。此时正在司令部的东乡平八郎根据侦察船传来的关于俄舰队编队、航速、位置等信息，马上命令所有军舰起锚，驶向伏击海域，准备拦截围歼俄舰队。“乌拉尔号”舰长眼睁睁地看着日本侦察船不断地发送无线电信号情报，非常着急，最后他下定决心，决定违抗罗泽斯特文斯基的命令，下令干扰日军的无线电信号，但为时已晚。

中午时分，日本军舰突然出现在俄军眼前，俄军还没来得及改变阵形就被日舰密集的炮火压制住。经过激烈的战斗，最终俄军只有 3 艘军舰突出重围逃到了符拉迪沃斯托克（海参崴）基地，而其他军舰或被击沉，或被重创，或挂起白旗投降。此战俄军阵亡 4830 人，被俘 5917 人，俄军司令罗泽斯特文斯基重伤被俘虏，俄军第二、第三太平洋舰队几乎全军覆没。

随后，9 月，俄国战败，与日本签订了《朴茨茅斯和约》。日俄战争结束。

如今，我们回过头看这场海战的双方，日本海军司令东乡平八郎充分利用了无线电进行部署侦察、预警和指挥，为整个作战赢得了主动权；而俄国海军虽然拥有当时最为先进的大功率无线电设备，但俄国海军司令罗泽斯特文斯基却没能充分应用，或者说没有运用得当，导致了惨败。如果当时能对日军侦察船的无线电信号进行干扰，那么就很可能会延迟日军得到情报的时间，庞大的俄军舰队很可能顺利到达符拉迪沃斯托克（海参崴），然后再与俄军远东的百万陆军配合，那么日俄战争就是另外一个结果了。当然，历史没有如果。

日俄战争中，无线电崭露了头角，揭开了电子战的序幕。在这个无形的战场上，无线电将会随着科技的进步、设备的更新，发展出更多的手段，展现出更大的威力。接下来的规模更大、影响更为深远的第一次世界大战中，电子战正式形成，无线电出现在越来越多的战役中。

3. 第一次世界大战中的无线电

1914 年 6 月萨拉热窝的一声枪响，引爆了整个世界。7 月 23 日，第一次世界大战爆发了。战争主要在以德国、奥匈帝国、奥斯曼帝国、保加利亚王国为主的同盟国与英国、法国、俄国、美国、中华民国（北洋政府）为主的协约国之间展开。在这场前所未见的残酷血战中，先后有 30 多个国家被卷入战争，涉及人口 15 亿。到 1918 年 11 月战争结束时，共计有 1450 多万人丧生、2040 多万人受伤，这场战争是人类历史上破坏性最强的战争之一。

同样是在这场大战中，各种新式武器开始登场，坦克、潜艇、飞艇、重机枪等开始投入实战。这也是人类历史上第一场海、陆、空全方位参与的战争。此时，距离无线电发明已有 20 年左右的时间，无线电技术有了初步发展，各式新式电台在各国军队中开始逐渐普及。无论是海军、陆军，还是刚刚起步的空军，越来越多的军种开始重视无线电的作用，无线电也在这场战争的各个空间频频显露威力。电子战在第一次世界大战中正式形成。

（1）抓住德国潜艇的“尾巴”

我们知道，英国是孤悬于欧洲大陆的一个岛国，需要靠海上船只来运输大量的生活物资和战略物资补给。德国游弋在英国沿海附近的潜艇就给英国带来了极大威胁。从 1914 年 8 月开始，德国在原有 30 艘潜艇的基础上建成了一支第一次世界大战中技术最先进、规模最大的潜艇部队，潜艇总数到战争结束时增加到 350 艘左右。两国正式宣战后，德国在英国沿海实行了无限制潜艇战，即谁进来就炸谁，不管是武装船只还是非武装船只。这样，德国潜艇先后击沉了多艘英国补给商船，给英国带来了极大损失。

第一次世界大战中德国 U41 型潜艇

面对隐藏在水底下的潜艇，英国能有什么好的应对办法吗?

这时新发明的无线电测向仪派上了大用场。无线电测向仪是一种能够定位无线电发射源的设备。在无线电刚刚被发明出来之后，就有许多科学家开始探索和研究能否通过接收无线电信号来追踪无线电信号是从哪里发射的。意大利科学家阿尔托姆发现了环形天线的定向作用，于是成功研制了一套无线电测向系统。1907 年，意大利军官埃托雷・贝利尼（Ettore Bellini）和亚历山德罗・托西（Alessandro Tosi）发明了以他们名字命名的测向仪（Bellini-Tosi Direction Finder）。两部交叉的方向性天线（如环形天线）结合在一起，配合一个可旋转的线圈角度计，就可用于确定方向。后来，马可尼完善了他们的设计，使无线电测向仪的功能和实用性大大提高，并迅速将其投入了使用。

当时德军的潜艇都配备了大功率的无线电发报机，工作频率在 750kHz 左右，每隔一段时间，潜艇就要浮上水面进行发报。由于当时的电报内容较长，给了英军足够多的时间来对其定位。这样，英军不但确定了德军潜艇的位置，还掌握了德军潜艇的活动规律。情报部门将这些情报及时反馈给英军反潜舰，英军得以有效打击德军潜艇的疯狂进攻，逐渐扭转了被动局面。

（2）陆战：真假电报分不清

1914 年 8 月，俄国刚刚组建的第 1 集团军、第 2 集团军总计 65 万人，从一北一南两个方向向德国东部边境东普鲁士行进，形成夹击攻势。第 1 集团军司令伦宁坎普夫（1854—1918）和第 2 集团军司令萨姆索诺夫（1859—1914）都是久经沙场的老将。两人都曾参加过日俄战争。

德国计划在短时间内在西线快速击败法国，然后再将西线的部队调往东线，因此，德军的大部队主要部署在西线，而在东线只留有一个集团军，大概 14 万兵力，明显处于下风。很快，在俄军两个集团军的协同围攻下，德军大败，被迫向西撤退。

之后俄军第 1 集团军司令伦宁坎普夫命令部队停留在原地等待补给，休养部队。按照计划，萨姆索诺夫司令的第 2 集团军本应该向北进军，向第 1 集团军靠拢，而萨姆索诺夫为了补给方便，沿着铁路线向南行进了 60km。这样两个集团军之间的距离就更大了。

此时德军由于大败，统帅部随即重新任命了东线集团军指挥官。新任司令是日后成为德国总统并任命希特勒为总理的保罗·冯·兴登堡（Paul von Hindenburg，1847—1934），新任参谋长是日后被视为希特勒精神导师的埃里希·冯·鲁登道夫（Erich von Ludendorff，1865—1937），当然此时的希特勒还只是一个在西线预备步兵团名不见经传的下士传令兵。

两位新上任的指挥官到前线了解最新态势时获得了一份重要情报，原来俄军第2集团司令萨姆索诺夫以明码电报的形式下达了攻击命令，德军电台截获了这些作战部署。但小心谨慎的兴登堡此时也在考虑和判断，一是疑虑俄军是否敢如此大胆地用明码发布作战部署，担心是个陷阱；二是担心俄军第 1 集团军从北向南对他们进行围攻。因为对付一个集团军已经力不从心，再有围攻恐怕难以支撑。但鲁登道夫经过深思熟虑，大胆判断，俄军的两个集团军之间有一定距离，这一定说明他们之间的配合并不默契，这是敌方最大的漏洞。不如只拿出一个骑兵师监视俄军第 1 集团军，把其余所有的兵力全部用来攻打第 2 集团军，确保胜利。8 月 26 日，作战计划形成，并完成部署。

战斗首先在俄军第 2 集团军右翼的第 6 军开始打响，很快俄军第 6 军被迫撤退。之后俄军左翼的第 1 军进行了顽强的抵抗，德军没能击退。第二天，德军以俄军第 1 军军长的名义用无线电台发了一道撤退的假命令，而俄军接到假命令后，竟然没有怀疑它的真实性，立即按照指示进行了后撤。于是，德军大胆地抽调了原来攻击俄军左翼的部队，去支援加强对俄军右翼和萨姆索诺夫中央集群的攻击。俄军无法抵挡对方攻势，溃不成军，尽管后来萨姆索诺夫请求第 1 集团军支援，但第 1 集团军司令伦宁坎普夫并没有采取有效的行动，导致第 2 集团军 14 万人被俘，司令萨姆索诺夫自裁身亡。

后来德军在歼灭俄军第 2 集团军之后，又移师北上去攻击伦宁坎普夫的第 1 集团军，并将其逐出东普鲁士。此后，俄军再无力西进攻击德国。

伦宁坎普夫为什么没有积极营救被困的萨姆索诺夫？有德国军官后来回忆说，两人当年参加日俄战争时，萨姆索诺夫也曾被困请求支援，而伦宁坎普夫并未施援手，两人后来见面时萨姆索诺夫给了伦宁坎普夫一耳光，由此两人结下了梁子。

再回过头说无线电的故事。因为萨姆索诺夫拍明码电报被德军截获破译和军队收到命令撤退的假无线电报，俄军加紧了无线电管理，禁止随意使用无线电报。俄军因此停用了一些电台，这样就造成了部分指挥官作战指挥不通畅。1915 年 2 月，当俄军从德国边境撤退时，有些步兵司令部竟然先将无线电台送回了国内，从而使撤退部队乱作一团，损失了大量人员和装备。

决定战争结果的本质上是人，而不是物。俄军当时认为是无线电给战争带来了不利，就把它束之高阁，而没意识到那是没有正确使用无线电台的结果。决定战争胜负的关键更重要的是人，不能因为无线电报管理和使用不力而因噎废食。

（3）西线空战中的无线电信标

接下来，我们再来看西线战况。

当时德国东西两线作战，人员不足，但他们有一些更好的进攻武器，除了前面讲过的海洋里的潜艇，德国还有一种天上飞的新式武器——飞艇。在第一次世界大战爆发前，德国已经有了当时世界上比较完备和先进的飞艇工业。第一次世界大战爆发后，德国迅速建立起了自己的庞大的飞艇舰队。在战争初期，德国多次出动携带大量炸弹的飞艇，对英国展开轰炸，以图从空中摧毁英国的工业基地，打击英国的士气。

德国 LZ38 型齐柏林飞艇

由于飞艇体型巨大，为了避免被发现，当时德军的飞艇轰炸基本选择在夜间进行。飞艇白天从德国出发，夜晚抵达英国上空，完成轰炸后迅速回到德国。但存在着另外一个难题，在当时没有导航系统、雷达的条件下，飞艇如何对要进行轰炸的目标进行定位呢？

原来，德军提前派出了特工到伦敦，在伦敦的一幢房子里安装了无线电信标。这种无线电信标能够发送无线电信号，飞艇能依靠定位无线电信号来找到轰炸位置，这样就克服了夜间视野受限的问题。

后来，英军发现，每次飞艇过来袭击之时，伦敦上空就有不明的无线电信号。依照此规律，他们在信号出现时便开始进行定位，并最终将德国特工抓获。英国人并没有拆除这个无线电信标，而是将其移到了远离伦敦的北海岸上。夜间飞艇来袭时，被无线电信标引到了北海岸上空无人居住的地区。英军在附近事先埋伏下战斗机，德国飞艇刚一进入便遭到打击，坠入大海之中。

电子战萌芽于日俄战争，在第一次世界大战中正式形成，而它的发展和成熟则是在第二次世界大战。第二次世界大战以来，各项科学技术空前发展，无线电技术更是日新月异，人们对无线电的掌握和利用也更加广泛和深刻。无线电不仅改变了日常生活，也改变了战争模式，影响了战争结果。

本章主要参考文献

[1] RABOY M. Marconi: the man who networked the world[M]. Oxford: Oxford University Press, 2016.

[2] 《电子战技术与应用——通信对抗篇》编写组 . 电子战技术与应用：通信对抗篇 [M]. 北京：电子工业出版社，2005.

[3] 郭剑 . 电子战行动 60 例 [M]. 北京：解放军出版社，2007.

[4] N.A. 科列索夫，I.G. 纳先科夫，主编 . 无线电电子战：从过去的试验到未来的决定性前沿 [M]. 电子信息控制重点实验室，译 . 北京：国防工业出版社，2018.

[5] 阿尔弗雷德·普赖斯 . 美国电子战史 [M]. 中国人民解放军总参谋部第四部，译 . 北京：解放军出版社，1999.

[6] 艾·普赖斯 . 电子战历史 [M]. 电子工程学院，译 . 北京：解放军出版社，1986.

[7] 张涛，刘莹，孙柏昶，等 . 对流层散射通信及其应用 [M]. 北京：电子工业出版社，2020.

[8] 曹冲 . 卫星导航常用知识问答 [M]. 北京：电子工业出版社，2010.

第五章　无形的战场

第二次世界大战是人类史上规模最大的战争，参战军人超过 1 亿名。主要的参战国纷纷宣布进入总体战状态，整合民用和军用资源，几乎将各国的全部经济和工业、科学技术投入战争。参战各国不论胜负皆为战争付出了极为惨痛的代价。为了能够真正维持战后的世界秩序与和平，1945 年 10 月 24 日，联合国成立了。

无线电技术在这场高强度的竞争中获得了飞速发展。战后，国际电信联盟（ITU）这个历史最悠久的国际组织，成为联合国的 15 个专门机构之一，总部设在瑞士的联合国第二大总部日内瓦。

1. 第二次世界大战中的无线电导航战

第二次世界大战期间，英德两国展开了持续性的无线电导航战，其激烈程度和对战局的影响丝毫不亚于雷达和通信对抗。战争初期，德军对英国发起的昼间轰炸遭到了英国防空力量的奋勇抗击，并没有占到便宜的德军开始打起夜间空袭的主意。夜幕对于交战双方似乎是公平的，防御方的战机不容易在夜空中发现敌机，而轰炸机群面对灯火管制下漆黑的地貌也很难精准地投弹，然而，无线电悄然地改变了这种短暂的公平。

使用无线电测向进行导航在第二次世界大战中应用颇为广泛，在许多飞机背部或机身下部可以见到的环形测向天线就是一个很好的例证。早期的测向天线需要用摇把摇动，飞行员或领航员通过听辨信标信号来寻找“零点”，20 世纪 40 年代后出现了电动旋转的自动测向仪和可以显示信标与机身相对角度的无线电罗盘，让导航变得更加精确和轻松。飞行员只要选择几个信标台，并使飞机与之保持相应角度，就能够按照预定航线顺利飞抵目的地，这为远程飞行提供了可靠的保障。

不过，由于在整个航路中需要切换多个信标台，让飞行员把每次任务中可能用到的信标台频率、呼号、位置都记在脑子里不大现实，这些关键导航信息会被写下来让机组人员携带。

1940 年 3 月，英军从一架德军 He-111 型轰炸机残骸中缴获了一些密件残片，其中一张这样写道：

“无线电导航：无线电信标按照计划 A 工作……6 时整，‘弯腿’（Knickebein）信标，方位 315 度。”

英国情报人员发现，“弯腿”是一个此前从未出现过的导航台代号。而幸存飞行员的供词让英国人更加毛骨悚然，根据飞行员的描述，伦敦上空有一道宽约 1000m 的短波波束穿城而过，大批德国轰炸机可以借助这道波束在夜间进行精确导航。

英国人从坠毁的德军飞机残骸中陆续发现了不少相关的情报资料，但并没有在飞机上发现特殊的导航设备，奇怪的是安装在机尾的洛伦茨盲降接收机要比英国同类设备的灵敏度高出不少。

洛伦茨盲降系统于 20 世纪 30 年代在德国开始使用，专门为降落阶段的飞机提供无线电导航。洛伦茨发射机通常安装在跑道尽头，沿跑道延长线的方向发射两道波束，波束中包含莫尔斯电码信号，一道波束是“点”，而另一道是“划”，当飞机在“点”区飞行时，飞行员会从接收机中听到“滴、滴、滴”的声音；当在“划”区飞行时，则会听到“答——答——答——”的声音，在两道波束中间会有一个重叠区域，在这个区域内“点”“划”完美契合，形成连续的长鸣音，飞行员听到这个声音时就知道自己已经对准了跑道中心。

在盲降系统中，飞机会沿着两道波束的中央重叠区飞向机场跑道，而如果让发射机调转方向，同时让飞机朝远离发射机的方向飞行，就能实现对任意方向的无线电导航。不过，随着发射距离的增长，波束会逐渐变宽，信号也会越来越弱，因此这种方式的导航精度不如盲降系统，而且需要灵敏度更高的接收机。

结合所掌握的情报，英国人几乎能够确定德军已经在使用与洛伦茨系统相同频率的无线电导航技术。不过，在电磁空间中还没有发现德军导航波束的蛛丝马迹。英军派出 3 架安森式（Avro Anson）多用途飞机轮流出动，机上无线电接收机锁定在洛伦茨系统所采用的 30MHz、31.5MHz 和 33MHz 频率上。终于，在 1940 年 6 月 21 日夜，一架安森式飞机尾部的报务员从耳机中听到了一串急促的“滴、滴”声，随着飞机继续向北飞行，“滴、滴”声逐渐变成了一个稳定、连续的音调，而后，音调再次断开，变成了“答——答——”的声音。这正是英国人苦苦寻觅的“弯腿”导航信号。

德军的“弯腿”导航系统会通过两个不同位置的导航台共同发射指向目标城市的波束，其中一个导航台发射引导波束，另一个导航台发射的波束会与引导波束在目标城市上空交叉，飞行员沿着引导波束飞行，当听到波束交叉点的信号时便进行投弹。自 1939 年开始，德国先后在本国及法国、挪威、荷兰的多个沿海城市建设了一系列指向英国的“弯腿”发射台。

为了尽快干扰“弯腿”信号，英国采取了一些应急措施，先是征用了一批能够在30~33MHz频率产生噪声的医用高频电疗机，还将一些洛伦茨盲降系统部署在重要城市附近，虽然干扰功率和覆盖范围都很有限，但聊胜于无。在1940年9月德军将主要空袭目标转向伦敦时，英国的干扰机“阿司匹林”也刚好研制完成。“阿司匹林”以更大的功率发射与“弯腿”同频的“划”信号，让德军飞行员总是听不到连续的长鸣音，找不到“弯腿”波束的中心。“阿司匹林”对“弯腿”的干扰获得了显著的成效，以至于使德军认为英国掌握了能使导航波束“弯曲”的技术，对无线电导航的信任度大受影响。

然而，“弯腿”并非德军唯一的无线电导航手段。1938年冬，德国空军成立了第100通信大队，1年后更名为第100轰炸机大队，编有20架He-111型轰炸机，这支涂有维京海盗船徽标的机队装备了一种高精度的无线电导航系统——“X装置”。该导航系统发射的波束有4道，主波束指向轰炸目标城市，轰炸机沿着这条波束飞行，其余3条波束先后与主波束交叉，机组人员在每道波束的交叉点按下投弹计时器的按钮，最终可实现自动投弹。

即使远在发射台300km之外，“X装置”的波束宽度也仅有100m左右，精度比“弯腿”更高，但由于工作在70MHz的频段，飞机需要安装专用接收机，机组人员也要经过长时间操作训练，“X装置”难以像“弯腿”那样快速大规模推广，只能由第100轰炸机大队充当“引路人”的角色向目标投放燃烧弹和照明弹，以引导后续轰炸机部队进行投弹。

1940 年 8 月中旬，英国在 74MHz 的频率上侦听到了“X 装置”的导航波束信号。有了“弯腿”的对抗经验，英军迅速行动起来，以一种陆军雷达为基础研发针对“X 装置”的干扰机，它也有一个药品名称的代号——“溴化剂”。

不过，“溴化剂”并没有“药到病除”。1940 年 11 月 14 日下午 3 时许，英军发现了德国的“X 装置”波束在考文垂（Coventry）上空交会，迅速组织 4 个“溴化剂”站实施干扰。而此时，英国无线电监听部队也正在紧张地截收第 100 轰炸机大队与地面的通信联络。当德国飞机进入英国领空时，向地面站发出了“导航台是否已校准”的询问，片刻之后，负责侦听的英军女兵从耳机中确切无误地听到“目标已校准”的回答，英国人惊恐地意识到——自己的干扰竟然没有奏效。4 道交汇在英国上空的死亡波束，最终使考文垂化为一片火海。这场代号为“月光奏鸣曲”的大规模空袭持续了 10 个小时之久，449 架德国飞机投下了 56t 燃烧弹、394t 高爆炸弹和 127 枚伞降地雷，成为开战以来，德国空军借助导航波束对英国造成损失最大的一次战略轰炸行动。

为什么英国的干扰会失效呢？原来，“X 装置”波束的调制频率为 2000Hz，而“溴化剂”干扰站的调制频率为 1500Hz，正是这 500Hz 的差异，让干扰信号无法通过“X 装置”的滤波电路。简言之，英军的干扰机“跑调了”。发现问题所在后，英军及时调整了干扰站的调制频率，和德军第 100 轰炸机大队进行了一场赛跑，第 100 轰炸机大队仍然按照计划引导大批轰炸机对伯明翰、伦敦、谢菲尔德、南安普敦进行了轰炸，而英军 80 联队则分秒必争地将新生产的“溴化剂”

干扰机部署在更多的城镇。除此之外，英国还用一道干扰波束在“X装置”第二交叉点之前与引导波束相交，诱使投弹计时器提前启动，导致轰炸机尚未飞临目标上空时，炸弹就已经自动投下。

随着“溴化剂”干扰站的快速普及，“X 装置”的作用被大大削弱，第 100 轰炸机大队也正如其徽标中的维京海盗一样度过了他们耀武扬威的黄金时代，德国空军“引路人”的接力棒交给了第 26 轰炸机联队第 3 大队，该大队装备了一种全新的无线电导航系统——“Y 装置”。与之前的两种多波束导航系统不同，“Y 装置”只用一条波束完成引导，地面站会对飞机进行测距，探测到飞机抵达目标时通过无线电下达投弹指令，而飞行员的操作更为简单，只需根据仪表指针偏左还是偏右来调整航向，当听到投弹指令时按下投弹按钮。

1941 年 1 月，德国空军第 100 轰炸机大队与第 26 轰炸机联队第 3 大队分别使用两种导航系统对几个英国内陆城市进行了轰炸，在实战中检验“Y 装置”的有效性。不过，德军哪里知道，英国早在 1940 年 11 月就截获了试验阶段的“Y 装置”波束信号，并启动了“多米诺”干扰系统，对“Y 装置”的测距信号进行了循序渐进的欺骗性干扰。起初，“多米诺”以小功率发射，德军将导航效能不佳归因于试验设备自身性能和飞行员与地面站人员的操控能力，当“多米诺”满功率发射时，“Y 装置”的测距体制已经完全被破坏。同时，英军还对发送投弹指令的无线电信道进行了干扰，让敌军飞行员无法判断投弹时机，1941 年 3 月的前两周，德军使用“Y 装置”进行了 89 架次领航飞行，但只有 18 架次接收到了投弹指令。在英军的干扰攻势下，德军本来寄予厚望的“Y 装置”导航系统被扼杀在了萌芽之中。

导航波束战并非局限于一城一池，而是无线电对抗史上与两个国家战略战术紧密结合的全面较量。德军秘密研究、建设、训练、使用无线电导航设备，英军觉察后没有大规模启用噪声干扰，而是一直使用欺骗干扰的策略，让德军耗费大量精力也未能找到导航不精确的真正原因，没有启用任何抗干扰技术，作战人员对导航设备的信任度持续降低。英军的欺骗干扰，无论在技术上还是在心理上都有效影响了德军的轰炸精度，使德军无法达成通过夜间轰炸使英国屈服的战略目标。随着德军进攻方向转向东方，英吉利海峡上空的导航波束战也宣告结束。

第二次世界大战中英德两国的导航波束战拉开了无线电对抗的序幕，图为德军正在建设中的“弯腿”导航波束发射台

德国空军第 100 轰炸机大队的 He-111 型轰炸机机头绘有维京海盗船的徽标，机身上部比原型机多出两根天线，这两根天线正是“X 装置”用于接收交叉波束的天线

2. 雷达的诞生

无线电诞生之初，其应用领域只有一个——通信，无数科学家在寻找着无线电的其他用武之地。20 世纪 20 年代，一种利用高能电磁波来杀伤有生力量的概念被提出，并被直截了当地命名为“死光”。居然有众位科学家宣告自己独立“发明”出了“死光”，其中不乏马可尼、尼古拉·特斯拉这样的人物，德国研制“死光”的流言甚至一度引发了英国的高度紧张。现在回头来看，以当时的工程技术水平根本无法制造出武器级的大功率辐射源，事实也是如此，当时并没有一个靠谱的工程样机问世。

将无线电直接用作武器的路没有走通，还有没有其他路径呢？

其实，赫兹早在电磁波的验证实验中已经发现电磁波能够被金属物体反射。1904 年，德国发明家克里斯蒂安·休尔斯迈耶（Christian Hülsmeyer）用一套配备定向天线的火花发射机、配备可旋转天线的金属粉末检波接收机和一只电铃制造出了一台船用防撞告警设备，发射机发出的电波被前方的船只反射回来，接收机接收到以后就会敲响电铃。休尔斯迈耶将他的发明命名为“活动物体无线电测定仪”（Telemobiloscope），并取得了专利。不过，由于这套装置的频率无法调谐，极易受到其他无线电台的干扰，也缺乏滤除杂散回波的能力，离实用还有一段距离。但毋庸置疑的是，这一发明的工作原理终于算是摸到雷达的门了。

到了 20 世纪 30 年代，阴极射线管、二极管、三极管等电子技术的进步为雷达的诞生铺平了道路。1935 年 2 月，英国科学家罗伯特·沃森·瓦特（Robert Watson Watt，1892—1973）为空军部做了一次秘密演示，动用英国广播公司的短波发射台发射信号，成功接收到了一架飞机反射的回波。经过一系列改进，到1935年年末，雷达对飞机的探测距离超过100km，英国开始在伦敦周边部署雷达站，为了保密，雷达的代号为“RDF”，到1939年年末，已有21座雷达站完成部署，它们构成了大名鼎鼎的“本土链”。

在英国人成功将“本土链”运用于防空预警网络时，德国科学家们也沿着同样的思路发展着本国的雷达。同样出于保密原因，德国将正在研制的雷达称作“DT”装置。1936年，德国盖玛公司制造出了工作在150MHz、探测距离为48km的“DT”，在此基础上经过一系列改进，于同年年底推出了探测距离达到80km的警戒雷达，并以女神“弗雷亚”为之命名。1937年秋季举行的一次联合军事演习中，盖玛公司刚刚试制出的改进型“弗雷亚”引起了轰动，这部架设在小山上的雷达装置成功探测到了96km外的飞机。1938年年初，第一批量产型“弗雷亚”正式列装，并在今后几年内成为德国最主要的警戒雷达，真正成为德国的守护女神。

英国“本土链”雷达的最大探测距离为190km，但只能探测120°范围的扇形空域，工作在20~55MHz的频段，天线是近百米高的铁塔，无机动性可言。而德国的“弗雷亚”最大探测距离为120km，天线可以360°旋转，而且能够灵活机动。德国的德律风根公司还研制出了工作在570MHz频段的炮瞄雷达“维尔茨堡”，采用圆形抛物面天线，可以直接引导探照灯照射空中目标，机动性也更强。在英军仓皇撤出欧洲大陆时，有一部完好的雷达被遗留在了法国，但并未引起德军的太多重视，因为他们根本不相信这堆粗劣的家伙能与本国的 “弗雷亚”相提并论。

从侦察照片中发现的“维尔茨堡”雷达给了英军不小的震动，因为它的工作频段比英国雷达高得多。对雷达来说，更高的频段意味着可以使用更小的天线、获得更高的分辨力，但英国那时还没有适用于那么高的频段功率的器件。为了摸清雷达性能，英国专门派出伞兵从一处防守松懈的法国海岸边，拆回了一部几乎完整的“维尔茨堡”。

三十年河东，三十年河西，磁控管的应用让英国雷达技术再度领先。1940 年 2 月，英国科学家发明了大功率磁控管，这种元件解决了微波波段电磁波的功率源难题，为研制厘米波雷达打下了基础，战后还成为家用微波炉的核心器件。同年 7 月，经过改进的磁控管已经可以在 10cm 的工作波长上产生 10kW 的功率，相应的频率是 3000MHz，比“维尔茨堡”高出了不少。8 月，以磁控管为核心的厘米波雷达样机成功探测到了 11km 处的飞机和 7km 处的潜艇指挥台。

有了磁控管，小巧的厘米波雷达可以安装在轰炸机上，屏幕上可显示地物的轮廓，建筑群和森林呈现为一块明显的亮斑，机组人员只需要将雷达屏幕上显示的图像与地形图比对，就能够判断飞行路线。在反潜作战中，厘米波雷达也大显神通，1943 年春，英军反潜机开始使用波长为 10cm 的 ASV MK Ⅲ型雷达，美军也在 B-24 上安装了相同波长的 DMS-1000 雷达，完全超出了德军潜艇装备的“梅托克斯”雷达报警设备的接收范围。一名被俘的英国军官声称英军已经开始用一种非常灵敏的接收机来对“梅托克斯”泄露的微弱电磁信号进行测向，德军听闻大惊失色，下令全面停用 “梅托克斯”，并下大气力研制出

“旺兹”和“博尔库姆”两种新型雷达报警接收机，这两种设备牺牲了灵敏度以达到严控电磁泄露的设计指标，以至于报警距离远不如“梅托克斯”。尴尬的是，即便其泄露的电磁信号已经微乎其微，但盟军反潜机的活动仍然频繁而有效，直到1943年9月，德国海军方才将波长10cm的雷达信号与潜艇的损失联系起来。

实际上，德国空军早在1943年2月就在坠毁的英军轰炸机上发现了厘米波雷达，但他们认为此类雷达是用于轰炸引导的，并没想到会用于反潜，所以没通报给德国海军。后来，德律风根公司为德国空军夜间战斗机设计出了可追踪8~12cm波长雷达信号的“纳克索斯”接收机，在德国海军提出厘米波雷达报警设备的需求后，又对天线进行了重新设计，很快生产出适用于潜艇的“纳克索斯 –U”。虽然说频段终于覆盖上了，但是“纳克索斯 –U”的报警距离只有8km，留给潜艇的反应时间只有一两分钟，可靠性也一般。虽然在战争后期，德国技术人员仍在努力改进雷达报警设备，包括在报警的基础上对雷达威胁进行测向，专门设计的耐压天线在下潜时无须再收回舱内，甚至能对工作波长为3cm的盟军最新雷达做出反应，但是，那个早该听到报警声的帝国，已经难逃覆灭的命运。

随着技术发展，雷达在火力引导中的作用逐渐增强，雷达报警设备如今已成为各国舰船、飞行器、高价值目标的标配。

部署在英国沿岸的“本土链”雷达，在战争初期抗击德军轰炸中发挥了重要的空情报知作用

中央为第二次世界大战中德军广泛装备的“弗雷亚”警戒雷达，左右远处采用圆形天线的为“维尔茨堡”炮瞄雷达

磁控管的发明使英国能够制造出工作波长更短的 H2S 雷达，
图为“蚊”式飞机，机腹突出的整流罩内即安装有 H2S 雷达

3. 综合电子对抗的雏形

雷达对抗方面，英国率先沿英吉利海峡海岸部署了“本土链”雷达网之后，德国先后尝试使用安装对应频段接收机的“齐柏林”飞艇、Bf–110 战斗轰炸机遂行对英雷达定位和打击任务，并在海峡沿岸部署一系列地面干扰站；面对纵贯德国、法国、比利时、荷兰、卢森堡等国，由“弗雷亚”“维尔茨堡”多型雷达组成的严密防线，英军专门组建了无线电侦察机中队来获取德军雷达参数，盟军还研制出了用于保护轰炸机群的“月光”“地毯”等干扰设备，后期还将部分轰炸机改装为专用电子战飞机。德军雷达也相继采取了加装快速变频、多普勒频移检测装置等多种反干扰措施。简单有效的无源干扰手段获得大规模运用，日军首先在太平洋战场使用了能够反射雷达波的“欺瞒纸”，而英军轰炸机投放的“窗口”金属箔条也在德军雷达加装多普勒抗干扰装置前发挥了重要作用。诺曼底登陆行动中以电子欺骗手段构建的庞大“幽灵舰队”，推动电子对抗综合运用走向高峰。

第二次世界大战中，还出现了专用的电子干扰飞机。为了压制德军防空网，英军开始在护航的“无畏”式战斗机上安装雷达和通信干扰机，取得了不错的效果。面对干扰，德军自然不会无动于衷，不仅使用了多种雷达组网工作，雷达的发射频率也不断扩展。这样一来，英军原来在战斗机或轰炸机上装几部干扰机进行“搂草打兔子”式的干扰就难以应对了。于是，英军于 1943 年成立了第一支空中电子支援部队——第 100 飞行大队。第 100 飞行大队使用的机型五花八门，有“英俊战士”和“蚊”式这样的重型战斗机，还有“惠灵顿”“哈利法克斯”“斯特林”这样的轰炸机，但这些飞机都经过改装，专门用于执行电子战任务。

1944 年，“空中堡垒”重型轰炸机的加入使第 100 飞行大队的战斗力倍增，每架飞机装有 8 台覆盖不同频段的“芯轴”雷达干扰机，还安装了用于阻断德军指挥所对战斗机的无线电引导的“空中雪茄”通信干扰机。在干扰行动中，通常以 2 架电子战飞机为一个“干扰中心”，一高一低沿跑道形航线反方向飞行，各“干扰中心”间隔 22km，凭借强大的电子干扰力量形成了一道“芯轴屏障”，德军雷达无法探测这道电子屏障后面的空情，让真正的轰炸机部队隐蔽地向目标接近。而在太平洋战场上，美军使用了 B-29 改装的“过渡型豪猪”电子战飞机，以几乎相同的战术对日军的雷达进行远距离干扰压制。

无线电通信中潜藏情报价值，因此侦听或定位往往是首选项，对于地空引导、炮火校射等“致命通信”，干扰手段才会介入。在第二次世界大战中，盟军在部分轰炸机上加装了通信干扰设备，设在英国的侦听站收到德军空情广播后，立即测定频率通报给轰炸机部队，机载干扰设备对准其频率进行通信干扰。针对德军 38~42MHz 的 VHF

通信频段，英军执行电子战任务的飞机会监测并引导“空中雪茄”通信干扰机对其进行压制，后期改用频率更大的“碰撞”干扰机后，甚至省去了频率调谐的环节，只需开机就能将该频段完全覆盖。而3~6MHz的短波频段也在“片子”机载干扰设备和部署在英国的大功率地面干扰发射机的全面压制之下。为了削弱干扰影响，德军不得不在信道中频繁地重复呼号和指令，同时使用多个频道广播，不断更换功率更大的电台，还被迫重新启用难以干扰但效率堪忧的莫尔斯电码传递空情，盟军的通信干扰给德军的截击指挥造成了巨大混乱。

无线电测向继续发挥着重要作用。德国海军的“狼群”战术需要潜艇在上浮状态巡航并保持密切的短波通信，才能在单艇发现目标后群起而攻之。在大西洋的反潜战中，盟军抓住了这一特点，自1942年开始在护航舰艇上安装高频测向装置，并在海岸线多个国家部署测向台网，通过截获德军通信信号来测定潜艇方位。德国海军为降低潜艇暴露的可能性，将常规报文压缩为短编码，再通过恩尼格玛密码机加密后快速发出。使用传统测向方法需要大约1min才能较准确地测定辐射源方位，而一名熟练的德国海军报务员拍发一份典型的短编码报文只需要20s。

殊不知，盟军使用的“哈夫－达夫”测向设备可以直接在阴极射线管上显示方位角数值，测向时间可控制在数秒之内，改进型的“哈夫－达夫”还配备了可以自动扫描目标频段的连续调谐电机，当侦测到信号时能够立即报警。直到1944年，德军才发觉即使发送短编码也不能逃脱盟军的测向，开始了“信使”猝发通信系统的研究，意图将报文的发送时间压缩至454ms以内。但是，“信使”直到战争结束也未能投入使用。据统计，在第二次世界大战中被击沉的 U 型潜艇中，有 24% 要归功于盟军的无线电测向的运用。

图中这架经过改装的 B-17 隶属于英国皇家空军第 214 轰炸机中队，诺曼底登陆当日，该中队派出了 5 架携带金属箔条与“空中雪茄”通信干扰设备的同型飞机参与了“幽灵轰炸机跟进编队”飞行任务，负责吸引德军夜间战斗机并对其进行干扰

4. 无线电中的巨人

绝大多数的电波是“不谙水性”的，在水里跑不了多远就衰减殆尽，无法实现和海洋深处的潜艇通信联络。虽说早在 1901 年马可尼就实现了跨越大西洋的无线电通信，但是这次，阻挡无线电波前进的不是海洋的广阔，而是它的深邃。

在大西洋的反潜战中，HF 测向是远距离发现德军 U 型潜艇的最有效方式，图为第二次世界大战中英军装备的 FH4 高频测向设备

不过，天无绝无线电波之路。1917 年，法国率先开始了水下无线电通信的研究，发现电磁波的频率越低，在水中衰减的速度就越慢。他们使用甚低频（VLF）频段的电磁波成功与一艘潜深 10m 的潜艇建立了通信，通信距离为 16 海

里（约为 29.6km）。但是 VLF 频段范围是 3~30kHz，波长达到了 10~100km，所以 VLF 还有个别名，叫“甚长波”。按照天线理论，天线的长度为工作波长的 1/4 时效果最好，即便这样计算，VLF 天线的长度也要有 2.5~25km。如此庞大的天线，占用的场地要以平方千米计算，因为远距通信的需要，它的发射功率也大得惊人，达到了 20kW~2MW。

VLF 发信台一般设在靠近海岸的陆地上，注意，我们一直在讨论的是“发信台”，因为限于尺寸和功率，在潜艇上安装一套这样的发射设备是不可能的，所以潜艇上的 VLF 通信设备是只能收、不能发的单工系统。通俗地说，岸基发射台就像广播电台一样，只负责发射电波，而潜艇就像一个收音机，在水下静默地接收这些指令，而不需向基地发送信息。而且，这个“广播电台”的工作效率并不高，每秒的传输速率只有 300bit，所以在传输速率上，VLF 通信设备这个大块头还真比不上它的小兄弟们。为了提高通信效率，就要尽可能地缩短报文的长度，节省通信时间，海军往往需要采用缩写的军语，比如“OFFICER”（军官）这个单词，在发信时可以缩写为“OFFI”，而“HIGH COMMAND”（统帅部）则可以缩写为“HCMD”，等等。

第二次世界大战中德国对潜艇战的重视世人皆知，为了指挥在大西洋游猎的“狼群”，德国投入了大量资金用于 VLF 发信台的建设。1939 年至 1943 年，德国海军主要使用设在柏林北部的“瑙恩”发信台的 VLF 设备进行对潜通信，它有 2 个工作频率，功率分别达到了 200kW 和 300kW。1943 年之后，德国启用了在萨克森州新建的 VLF 发信台，并用神话传说中的巨人“歌利亚”为其命名，这也是当时世界上功率最大的无线电发信台。“歌利亚”采用 3 具伞状天线，铝制的天线线缆总长为 50km，主天线塔高达 204m，占地面积 263km^2。它工作在 15~25kHz 的频段上，功率达到了 1800kW，即使只用 800kW 的功率发信，其信号也能在加勒比海被接收到，在 7~14m 的使用深度上，通信距离可达 6000~8000km。

战后，根据雅尔塔协定，“瑙恩”和“歌利亚”都被苏联部队接管，在拆除所有设备后，“歌利亚”的天线场成了关押战犯的监狱，而“瑙恩”的控制室则被改建成了马铃薯仓库。但是，“歌利亚”的发射设备于 1952 年又重新发出了信号，不过此时它已身在白俄罗斯，开始了其在红海军的服役历程。虽然外观粗犷，但这套系统深深融入了日耳曼工程师独有的精雕细琢，在 60kHz 工作时天线的辐射效率接近 90%。作为一种极为成功的设计，“歌利亚”是一个标杆，成为战后各国 VLF 发信台建设参考的典范。

不过，VLF 频段的电波可以穿透海水不假，但是深度只能达到 20m 左右，这个深度显然不够安全，很容易被敌反潜力量探测到，在核战争中也不利于保存实力。如果海底地形允许，潜艇特别是核潜艇的下潜深度都在百米以上，而且在美苏争霸的年代里，核潜艇穿越北冰洋那是常有的事，要穿透那厚厚的冰盖还有几百米深的海水，VLF 频段更加显得鞭长莫及。要解决这个问题，就要请比 VLF 频段还要低的 SLF/ELF（超 / 极低频）出山了。

SLF 的工作深度可以达到 100m，而 ELF 更是能达到 400m，超过了各国现役潜艇的最大潜深。由于波长比 VLF 还要长，需要的发射天线更加庞大。特别是 ELF 频段，波长达到上千千米，制造一个 1/4

波长的天线几乎是不可能的。而解决这个问题的答案就在我们的脚下——借地球作天线。

在相距数十千米的两个地方，分别埋设两个巨大的电极，馈源设在这两个地点连线的中点，这样，馈源产生的电流必然会穿过地球在两个电极间流动，地球就充当了天线。而且，表层土壤的导电率越低，电流越会趋向于向地下深处流动，辐射效率就越高。这也是 ELF 与一般频段的无线电波的显著区别之一，因为其他频段的无线电波要求良好接地，就是希望土壤的导电率越高越好，就拿“歌利亚”发信台来说，不仅在地下埋设了大量镀锌钢接地体，甚至还要定期灌溉天线场的土壤以保持湿润。而 ELF 需要的是极低的地面导电率，所以 ELF 发信台必须建设在表层覆盖数米厚干燥砂石的花岗岩之上，这样，电波可以深入地下数百米。

SLF/ELF 通信在水中和大气中的衰减非常小，对电离层的扰动无感，即便是核爆炸也不会对其传播产生严重影响，自然界中只有闪电和雷暴有可能产生波长与其相当的电磁波，而敌对方想要制造人为干扰，至少要建设一个功率更高的庞大干扰系统，因此这种通信系统被干扰的可能性不大。不过，SLF/ELF 的局限性一方面在于数据速率极低，往往只是起到“振铃”作用，潜艇在接到信号后需要上浮至一定深度接收长报文；另一方面就是天线设施庞大，运行耗资甚巨，且战时容易被敌火力打击。在能够满足一定工作潜深和数据速率需求的综合浮标天线出现后，对潜通信的格局一下子打开，浮标支持卫星、数据链等各种通信设备，信号通过光、电缆传输至潜艇，使潜艇获得了与岸基、舰艇和飞机双向通信的能力，而 VLF/SLF/ELF 通信因其可靠性和隐蔽性特点，依旧是潜艇的保底通信手段。

VLF 频段的电磁波能够穿过一定深度的海水，因此适用于对潜通信，但由于工作波长很长，天线场的占地非常大。图为位于夏威夷的一处美军 VLF 发信台

5. 对流层散射通信

就像光在水中会发生折射一样，当电磁波遇到对流层中的湍流、气旋、云团等不均匀介质的时候，也会发生折射。同时，湍流、气团的介电常数也不尽相同，

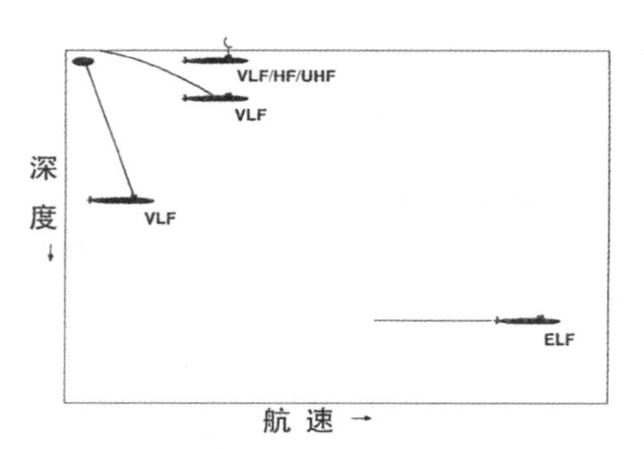

各种对潜通信方式的适用深度和适用航速示意

电磁波引起的感应电流会产生二次辐射。对流层散射通信，就是利用这个原理来实现的。

对流层的高度上限在赤道约为 12km，在极地约为 8km，是最接近地表的大气层。超短波和微波是对流层散射通信的首选波段，常用频段为 100MHz~10GHz。相对于依赖电离层的短波通信，对流层散射通信不惧怕高空核爆炸，恰恰相反，核爆炸冲击波所引发的湍流和气旋会更活跃，竟然会给对流层散射通信带来有利影响，所以系统的抗毁性极强。

同时，它也不害怕太阳黑子、雷电、极光的影响，传输可靠度可达 99% 以上。对流层散射通信的容量虽然比不上卫星通信，但也要比短波通信大很多，可达到 16Mbit/s。而且由于采用了方向性好的圆形抛物面天线（短波由于波长相对较长，不便采用此类天线），对流层散射通信的发射波束很尖锐，方向性很集中，防侦听和抗干扰能力也较强。

对流层散射通信最大的不足就是信号衰落和传输损耗太大，所以不得不采用千瓦级大功率发射机、高增益天线、高灵敏度接收机和分集接收技术。前几个相信大家比较容易理解，那什么是分集接收呢？分集接收主要用于降低信号衰落的影响，“分”是指将信号分散接收和传输，“集”则是指信号的集中处理，说白了就是采用多副发射和接收天线。这就给对流层散射通信设备的小型化带来巨大障碍，特别是早期设备的体积和功率都已经达到了可怕的程度。

1955 年，在阿拉斯加荒芜的冰原上，美国开始了第一个对流层散射通信系统的建设，代号是“白色爱丽丝”（White Alice）。到 1958 年，这个包含 71 座巨型天线阵的通信系统建造完成。系统拥有

3 种规格的天线，分别对应不同的发射功率，其中最大的天线口径达到了 37m，相当于 10 层楼那么高，发射机最高功率达 50kW。

1956 年，在美国的支持下，美国、挪威、丹麦、联邦德国、英国、荷兰、法国、希腊和土耳其 9 个国家沿线开始建设供欧洲盟军司令部使用的“高空王牌”（Ace High）对流层散射通信系统，该系统共由 49 个站点组成，总跨度达 14000km。除此之外，俄罗斯、加拿大、澳大利亚、日本等国都有横跨全境的大规模对流层散射通信系统，由此可见各国对这一技术的战略重视程度。

随着技术发展，体积较小的战术级对流层散射通信装备出现了。越南战争期间，美国海军陆战队使用 AN/TRC–97 对流层散射通信设备达成部队间通信，整套设备可用一台卡车运载。但 AN/TRC–97 是模拟制式的，通信容量小，只能提供十几个话路，随后被数字化的 AN/TRC–170 所取代。AN/TRC–170 数字对流层散射通信设备由 V2 和 V3 两种类型组成。这两类终端是为战术野战通信而设计的，可建立视距、绕射和对流层散射多信道通信链路，最远通信距离达 250km。AN/TRC–170 的 V2 型装在 S–280 方舱内，使用两副 2~9m 的抛物面天线和 2kW 的功率放大器，采用 4 重空间和频率分集；V3 型装在 S–250 方舱内，采用双重空间分集、抛物面天线和一个 2kW 功率放大器。每一部终端包括空间分集工作的双天线、无线电台、多路复用设备和勤务线 / 勤务信道。两类设备都符合战术部署军事规范要求。无线终端是方舱式，可在其运载车内工作，一般不必准备站址，最快在 1 小时内就可开通使用。在海湾战争中，百余部该型对流层散射通信装备被投入战场，取得了良好的效果。

高空核爆炸会对依赖电离层的短波通信带来致命影响，冷战早期，美国在阿拉斯加建设了“白色爱丽丝”大型对流层散射通信系统，主要用于弹道导弹预警报知通信，后被卫星通信网取代

美军 AN/TRC-170 对流层散射通信系统

6. 抓住流星的尾巴——流星余迹通信

看到流星时许愿是否真的奏效有待考证，但如果你许的愿望恰巧是与其他人建立联络的话，恭喜你，无线电通信技术可以在流星划过时帮你实现这个愿望。

流星余迹通信就是借助一闪即逝的流星来实现两地通信的，准确地说，并不是依靠流星本身，而是依靠流星飞过后，因与大气的摩擦高温产生的一条离子云带，这条云带就像电离层一样，也可以反射电磁波，只不过体量小、寿命短。

正因为流星余迹的“寿命”要以秒来计算，而且下一颗流星的出现也要等上几秒甚至几分钟，所以它并不适用于传输实时性信息。流星余迹通信主要用于传输数据，其通信过程是一种“断续”和“猝发”的状态：假如 A 台要给 B 台发送信息，首先要将传送的信息预先存储起来，此时 A 台发送探测信号，当合适的流星余迹出现时，A 台的探测信号就会被反射到 B 台并被其接收，此时 B 台向 A 台发出一个应答信号，应答信号被 A 台成功接收后，控制器就以最小的时延打开发射闸门，信息立即发射出去；流星余迹一消失，控制器就会切断发射闸门，发信机便停止发送信息。

流星余迹通信设备的工作频率一般为 30~100MHz，最佳工作频率为 40~50MHz，属于超短波的范畴，实用数据速率为 2~4.8kbit/s。利用功率为 500W 至数千瓦的发信机和 5~8 单元的八木天线，单跳通信距离可达 1500~2300km。流星余迹通信受核爆炸及太阳耀斑的影响较小，系统抗毁性较强，同时它以瞬间、快速、随机、断续方式工作，且电波方向性较强，敌方难以截获和测向，适用于小容量远距离的军事通信。

流星余迹通信并不是一项新技术。早在 1929 年，日本科学家就观测到了流星对无线电传播的影响。1932 年的狮子座流星雨，使美国贝尔实验室的研究人员证实了流星对于电波的反射和散射作用。1944 年，盟军使用雷达来探测攻击伦敦的 V-2 火箭时，研究人员们再度证实，流星的确会影响无线电传播。1952 年，加拿大建立了世界上第一个流星余迹通信系统——“珍妮特”（JANET），使用 90MHz 的频率，通信距离达到了 1000km。

1965 年，欧洲盟军司令部启用了“彗星”（COMET）流星余迹通信系统，站点分布于荷兰、法国、联邦德国、英国和挪威，当时的传输速率只有 115~310bit/s。可 20 世纪 60 年代正是卫星通信蓬勃发展的时期，流星余迹通信遭受了冷落。直到 10 年后，人们才认识到卫星通信的实用价值并没有原先估计的那么高，信号安全和高纬度地区通信都是当时卫星通信难以克服的难题，于是通信卫星被从神坛拉了下来，而流星作为天然的“通信卫星”，重新担负起了最低限度通信的重任。

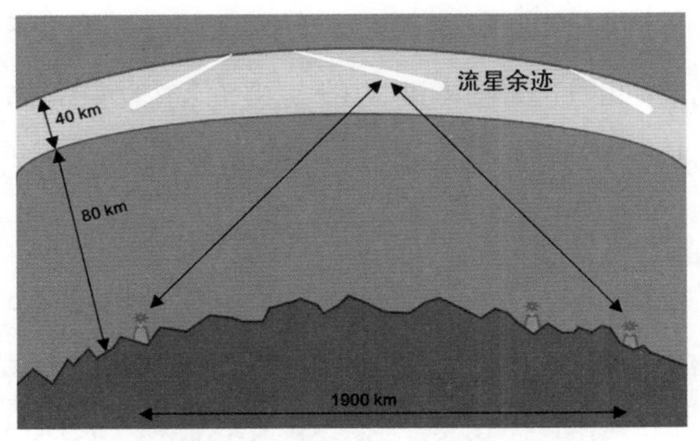

流星余迹通信原理示意（未按照实际比例绘制）

7. 信标台被搬到了太空——卫星导航系统

1957 年 10 月 4 日，苏联发射了第一颗人造地球卫星，美国一些科学家在接收卫星发射的信号时，发现频率出现了偏移，这就是卫星运动造成的多普勒频移。而利用多普勒频移，已知位置的地面接收站就可以推算出卫星的运行轨道。那么反过来，卫星如果在已知轨道运行，利用多普勒频移又能推算出地面接收机的位置，这就是卫星导航的原理。

美国海军对卫星导航的应用前景表示出浓厚兴趣，在冷战中，核潜艇依赖惯性导航系统来进行导航定位，虽然核潜艇使用的惯性导航系统精度和可靠性都很高，但由于长时间在水下巡弋，不免会出现累积误差，需要适时校准。基于校准用途，美国于 1958 年启动了世界首个卫星导航系统“子午仪”的发展，并于 1964 年开放服务。

子午仪卫星在 1100km 高的极地轨道运行，每颗卫星以 1W 的发射功率广播 150MHz 和 400MHz 的信号。接收机捕获卫星信号后，需要在 10~20min 的过顶时间内连续记录信号多普勒频移，同时接收包含卫星位置信息的导航电文，将二者结合解算出自身的位置。对于静止用户，子午仪卫导系统的二维定位精度约为 250m，而潜艇用户可以在加密信道接收到更精确的卫星轨道数据，因此其精度可以达到 20m 以内。卫星同时还具备授时功能，授时精度为 50ms。

在 20 世纪 60 年代，与子午仪卫导系统并行发展的还有多个卫星导航相关项目，比如美国空军的“621B 工程”、美国海军的“时间导航”（Timation）卫星，以及美国陆军的“西可尔”（SECOR）测地卫星，以这些技术为基础，全新一代卫星导航系统诞生了，这就是大名鼎鼎的全球定位系统（Global Positioning System，GPS）。

早在20世纪60年代人们就着手开发GPS，1978年首颗试验星发射，1985年完成Block I的10颗卫星部署验证。然而，由于GPS的系统空前庞大、投资量大、建设期长，在美国国会也受到不少争议，原计划24颗卫星组网的星座一度被降级为18颗。不过，海湾战争中GPS大放异彩，在缺少地形参照的茫茫沙漠中为参战部队提供了高效的导航服务，凭借自身实力堵上了反对派的嘴，组网计划又恢复为24颗。1995年4月，整个星座24颗卫星组网完成，美国国防部宣布GPS具备完全工作能力。随着智能手机的发展，GPS的民用用户越来越多，GPS成为继因特网后又一深入影响世界人民生活的技术。

GPS卫星运行于20200km高的中地球轨道上，在世界任何地方抬头观看，视野里至少会有4颗GPS卫星，6~8颗GPS卫星同时过境也是常有的事，卫星不间断地广播包含时间和位置信息的导航信号，用户接收到3颗以上的卫星信号即可实现定位，精度在5m以内。历经数十年发展，GPS卫星共有6个批次的更新迭代，信号频点由最初的2个增加到5个，增加了星间链路，精度和抗干扰能力显著提升。

目前，除了美国的GPS，世界范围内还有我国的北斗导航卫星系统、俄罗斯的格洛纳斯导航卫星系统、欧洲的伽利略导航卫星系统3个全球导航卫星系统和印度区域导航卫星系统、日本准天顶导航卫星系统这2个区域性系统。卫星导航已成为军事上应用最广泛的导航手段，深度融入了武器制导、无人机控制、作战指挥、后勤管理、搜索救援等领域。不过，过度依赖卫星导航也存在重大风险，由此再度引出了导航战的概念。

一个典型的卫星导航系统由空间段、地面段、用户段组成，任一环节瘫痪都会影响整个系统的工作。空间段就是在轨运行的卫星星座，存在受到反卫星武器打击的风险；地面段由主控站、注入站和监测站网络组成，为空间段提供指令、控制和维护，这些数量有限、位置固定的站点容易成为敌方的摧毁目标，敌方或通过网络攻击，或通过电子干扰使其向卫星注入错误信息或无法获取卫星正确轨道信息；用户段的对抗手段主要是电子干扰的压制和欺骗，卫星发射机功率有限，距离地球又远，因而地面接收机收到的导航信号十分微弱，就像在 2 万千米外看一只 50W 的灯泡差不多，使用功率 1W 的干扰机即可影响 200km 范围的 GPS 民用设备。2003 年伊拉克战争初期，美军 GPS 制导武器屡次发生误击，原因就是伊拉克从俄罗斯购买的大功率 GPS 干扰机发挥了作用。

功率增强技术是提高卫星导航系统抗干扰能力的主要方法，星上信号功率可调技术、点波束增强技术、空基或地基伪卫星技术都可以使用户接收到的信号更强，迫使对手提升干扰功率，使干扰源更容易被电子侦察手段发现或被反辐射武器摧毁。在与叙利亚、伊朗等国的军事冲突中，美国多次对中东地区 GPS 信号进行了功率增强，证明该技术已经具备实战能力。

让导航卫星减少对地面测控站的依赖也是提升导航生存力的有效途径之一。比如早期 GPS 卫星需要由地面站每天注入一次导航信息，而 1997 年发射的 Block Ⅱ R 卫星及之后批次的卫星都具备了自主导航能力，能在星上预估星钟与星历参数，减少上行注入要求，增加星间链路，使 GPS 在失去地面站支持后还能够自主运行 180 天。

此外，一些传统无线电导航方式被继续保留下来作为卫星导航的补充，比如“罗兰 –C”的升级版本“增强型罗兰”（eLoran），融合了 21 世纪的固态微电子技术，使发射和接收设备的体积、功耗大为降低，在一些地区的精度可达到 10~20m，能提供更加可靠、抗干扰能力更强大的替代导航源。

“子午仪”是全球首个卫星导航系统，图中下方涂有螺旋线的卫星为正在进行发射准备的“子午仪”2A，而在它上面的那颗小卫星是美国第一颗电子侦察卫星“抓斗 -1”

8. 反辐射武器与对抗技术的发展

在战场上，有一类武器是无线电的死对头，那就是反辐射武器。

反辐射武器是一种能够直接以敌方电磁信号（主要是雷达信号）进行导引的制导武器。它的导引头要求一是频段要宽，测频要准，能够覆盖不同频段的雷达；二是视场要宽，信号处理能力要强，让载机在灵活机动中也能具备搜索并分选大量雷达信号的能力；三是灵敏度要高，动态范围要大，在远距离时善于倾听一切可疑

GPS 已发展到第三代，图为 GPS Block Ⅲ A 卫星

的声音，即便是来自雷达微弱的旁瓣辐射也不能放过，随着距离接近，导引头要能够承受越来越强的发射功率，不然还没等击中目标，接收机自己先饱和了也不行。

反辐射导弹和反辐射无人机是反辐射武器家族的两大成员，反辐射导弹战斗部威力大、飞行速度快，但滞空时间短。而反辐射无人机却刚好能够长时间在目标空域巡航，不仅能在敌防空区持续飞行 5~6h，而且价格仅相当于反辐射导弹的 1/10~1/4。

反辐射导弹在越南战争时期初次亮相，历经 3 代发展。第一代反辐射导弹以 AGM–45“百舌鸟”为代表。“百舌鸟”是以 AIM–7“麻雀”空空导弹的弹体为基础，换装了被动导引头、更大的战斗部和更小的发动机，让越南战争中执行防空压制任务的美军战机拥有了在更远距离精确打击敌人雷达的能力。

第一代反辐射导弹有一些固有缺陷。一是射程短、速度慢。“百舌鸟”的最大速度为 2 马赫（680.6m/s），最大射程为 45km，但实战中的射程也就 20km，无法做到防区外发射，而且地空导弹的速度更快，如果双方同时发射，反辐射导弹还在途中时，其载机很有可能已经被地空导弹击落了。二是灵敏度低。“百舌鸟”导引头的视场只有 8°，飞行员需要小心翼翼地对准雷达主瓣的方向飞行，一旦偏离视场就会丢失目标，载机的机动受到严格限制。三是频段窄。为了应对主流雷达频率，第一代反辐射导弹不得不配套十几个导引头，需要根据已知电子情报在起飞前选择相应频段的导引头。四是不具备记忆能力。第一代反辐射导弹需要持续跟踪辐射源信号，一旦辐射源关机，导弹就会丢失目标，变为弹道飞行。

注：马赫是航空航天领域常用的速度单位。奥地利物理学家恩斯特·马赫（Ernst Mach，1838—1916）首次引用这个单位。马赫数 1 即一倍声速，马赫数小于 1 为亚声速，马赫数大于 5 为超高声速。

为解决上述问题，第二代反辐射导弹很快闪亮登场。1968 年，“百舌鸟”导弹投入实战仅仅 3 年后，AGM–78“标准”反辐射导弹在越南完成了战场首秀。与第一代反辐射导弹相比，“标准”的实际射程可达到 90km，跟踪视场达到 ±25°，只需要 2 种导引头就可覆盖 2~18GHz 频段，还增加了简单的位置和频率记忆电路，能够在辐射源关机后继续向目标方向飞行，如果辐射源再度开机还可以继续跟踪。而且，“标准”的战斗部质量达到 97kg，毁伤半径达 30m，威力明显提升。不过“标准”的弹体又大又重，适配机型很少，而且生产成本是“百舌鸟”的 5 倍，生产 3000 枚后就退出了历史舞台，而“百舌鸟”直到海湾战争中还在使用，总产量超过 2.5 万枚。

20 世纪 80 年代，AGM–88“哈姆”的入役标志着反辐射导弹的发展进入了第三代。“哈姆”的速度达到了 3 马赫（约为 1020.9m/s），大大缩短了反应时间，在高空发射时射程可达 140km。更重要的是，“哈姆”只用一个宽带导引头即可覆盖 0.8~20GHz 的频段，视场达到了 50°~60°，灵敏度高、动态范围宽，可以跟踪雷达天线辐射较弱的旁瓣和后瓣，还采用了捷联惯导系统，减小了辐射源突然关机时反辐射导弹的误差。

随着技术演进，“哈姆”改型众多，其基本型为 AGM–88A，在美军空袭利比亚时和海湾战争中使用过；而 AGM–88B 增加了在飞行中重编程的能力，可对战场上随机出现的雷达进行打击；AGM–88C 采用了双频体制，引入红外成像导引，能够打击频率捷变雷达和 GPS

干扰辐射源；AGM-88D 加装 GPS/INS 复合制导，进一步提升精度和作战灵活性；AGM-88E（AARGM）“先进”反辐射导弹更是集成了毫米波主动雷达导引头，末制导采用被动和主动雷达结合的双模制导，即使目标雷达关机，毫米波主动雷达也不会丢失目标；AGM-88G（AARGM-ER）是目前的最新改型，弹体重新设计，改用冲压发动机，射程提升至 300km，速度可达 4 马赫（约为 1361.2m/s），而在发射平台方面，AGM-88G 不仅可挂载于 F-35 的弹舱内而不破坏隐身性能，而且还可评估地面发射和 P-8 战场监视飞机上发射的可行性，与其基本型 AGM-88A 相比，简直就是脱胎换骨，有观点认为可将其划分为第四代反辐射导弹。

自越南战争以来，反辐射导弹的使用不仅对地面雷达造成巨大的破坏，其对地面雷达站作战人员造成的巨大心理压力甚至比其实际破坏效果更为严重。地面雷达慑于反辐射导弹的威胁而不敢开机或持续工作，反辐射导弹对防空系统产生明显的压制效果，为后续部队撕开防空缺口奠定基础。

反辐射武器的对抗，可以从预警、干扰、雷达技术改进等方面着手。

及时准确发现敌方发射的反辐射导弹，是采取其他后续措施的前提。由于反辐射导弹沿雷达辐射方向飞行，相对于雷达的径向速度很高，根据这一特性，可利用多普勒频移对导弹回波信号进行预警。除了雷达预警方式，反辐射导弹发射时具有明显红外和紫外辐射特征，通过红外焦平面阵列等光电探测技术也可实现对反辐射导弹的预警。

干扰反辐射武器的方法也是多种多样的，常采用雷达组网方式。网内雷达交替开机，轮番机动，让反辐射导弹所跟踪的波束、频率、方向产生混乱。雷达组网并不是几部雷达在一起开机那么简单，每部雷达发射的单个脉冲均经过精确定时，几乎是以相同的频率同时发射脉冲，在导引头的视场内形成多个点源，影响反辐射导弹的跟踪。

假目标诱偏也是一种常用的干扰方式。在雷达附近设置3~4个假目标，尽可能与真实雷达的辐射特性接近，实时根据辐射源的配置和目标位置调整辐射时间、方向、功率，使假目标信号与雷达信号同时到达反辐射导弹导引头，使其在频率、角度上无法区分真假辐射源，从而偏离要攻击的真正雷达目标。

无源雷达、多基地雷达也是对抗反辐射武器的好办法。无源雷达依靠目标自身泄露的信号或利用其他辐射源的散射信号对目标定位，自身不对外辐射电磁波，因此天生对反辐射武器"免疫"。而多基地雷达可采用收发分置部署，将接收阵地放在前沿，发射阵地设在敌导弹射程之外，由于接收阵地无辐射，反辐射导弹拿它没辙；而发射阵地距离又远，敌方想触及它就得进入防空导弹的防区内，要冒很大风险。

同时，现有反辐射武器对米波和毫米波雷达尚不构成威胁。受弹径限制，反辐射导弹无法放下能够对米波雷达这样低频段信号进行精确跟踪的天线，而毫米波的频段又太高，同样没有被覆盖到，因此发展米波和毫米波雷达也能避免被反辐射导弹打击。

美军在越南战争期间大量使用反辐射导弹压制越南雷达，图中 F-105G 战机两翼外侧挂载了 2 枚“百舌鸟”，左翼内侧还挂载了 1 枚“标准”

以色列“哈比”反辐射无人机

俄罗斯 Kh-31P 反辐射导弹导引头

9. 无人机及其反制

近年来，无人机在战争中的表现越来越抢眼。早期无人机的任务无非是照相侦察一番，或者去当靶机。而现如今，无人机的“业务范畴”已经扩大到侦察、干扰、火力打击全领域。这些价格低廉、数量充足的无人机给防空作战带来一个新的难题，直接打击效费比低，面对“蜂群”战术很容易饱和，而部署灵活、对抗多目标能力强，也不会产生破片造成附带损伤的电子干扰手段，成为对抗无人机的首选方式。

早在 2011 年，美国空军一架 RQ-170“哨兵”隐身无人机在秘密潜入伊朗领空进行军事侦察时离奇迫降，几乎完好地被伊朗俘获，各界推测极有可能是伊朗军方使用电子干扰所为。2018 年 1 月，13 架叙利亚反政府武装的无人机向 2 处俄罗斯驻叙基地发起攻击，俄军成功干扰其中 6 架，其余被“铠甲”防空系统击落。

干扰一架无人机，一般可以对卫星导航信号、遥测遥控信号、数据传输信号这 3 类信号下手。道理很简单，如果卫星导航信号没了，无人机就只能原地悬停或迫降，被逼“停飞”；遥测遥控信号没了，无人机就失去了人为操纵，将会自动返航或迫降，变成“盲飞”；数据传输信号没了，地面操纵者接收不到实时图像，等于“白飞”。

对于消费级民用无人机来说，卫星导航多数依靠 GPS，而遥测遥控信号和数据传输信号多采用 2.4GHz 和 5.8GHz 频段，和家用 Wi-Fi 的工作频率相近，数据速率较高，而且由于波长短，天线尺寸也可以做得很小，机体空间占用少。也有部分无人机采用 433MHz 或 900~915MHz 频段的遥测遥控信号，但不算主流。在这 3 类信号中，

GPS卫星距离相对遥远，信号电平很低，所以更容易受到压制。而相对于地面控制站，无人机自身的抗干扰能力更弱，所以本着“挑软柿子捏”的原则，干扰地面站发往无人机的上行链路显然更加有效。

干扰民用无人机的技术门槛并不高，干扰器材通常由一个合适的辐射源加上一套指向良好的高增益天线组成，有的还配有瞄准具，外形也与步枪类似。比如俄罗斯著名轻武器制造商卡拉什尼科夫公司也出品了REX系列手持式反无人机系统，能够在2km距离上干扰无人机使用的蜂窝通信、Wi-Fi、卫星导航常用频段。

而军用无人机依靠通用数据链进行测控和图像数据传输，根据无人机平台分类的不同，装备的数据链也不尽相同。比如在高空长航时无人机RQ-4“全球鹰”上就装备了两种视距数据链和两种卫星通信数据链，中空长航时无人机一般也会配备视距数据链（如美军“战术通用数据链”TCDL，工作在Ku波段，最大作用距离为200km）和超视距卫星通信数据链，而战术无人机由于活动半径小、载荷有限，一般采用微型化、低功耗的定制视距数据链，不配备卫星通信数据链。

军用无人机数据链一般采用跳频或者直接序列扩频来防止被干扰。在干扰技术阵营看来，这两种抗干扰技术已经是毫无疑问的“传统节目”，并没有多少新鲜感，可以用瞄准式干扰和拦阻式干扰等方法来应对。况且，小型军用无人机的抗干扰能力虽说比民用产品强，但毕竟机体平台那么小，又要考虑功耗等问题，数据链设备的功率和算力都有限，如果真要正面对抗，地面上功率更大、处理能力更强的干扰设备显然将占据上风。

单兵使用的无人机干扰器材外形与瞄准方式多与步枪类似

俄罗斯 R-330ZH“居民”无线电干扰站对无人机数据传输信道的干扰距离可达 50km

本章主要参考文献

[1]《电子战技术与应用——通信对抗篇》编写组．电子战技术与应用：通信对抗篇 [M]. 北京：电子工业出版社，2005.

[2] 郭剑．电子战行动 60 例 [M]. 北京：解放军出版社，2007.

[3] 李莉．无形战场的较量：信息战武器的性能发展与战争经历 [M]. 北京：解放军出版社，2011.

[4] N.A. 科列索夫，I.G. 纳先科夫，主编．无线电电子战：从过去的试验到未来的决定性前沿 [M]. 电子信息控制重点实验室，译．北京：国防工业出版社，2018.

[5] 阿尔弗雷德·普赖斯．美国电子战史 [M]. 中国人民解放军总参谋部第四部，译．北京：解放军出版社，1999.

[6] 艾·普赖斯．电子战历史 [M]. 电子工程学院，译．北京：解放军出版社，1986.

第六章　信息媒介的革命

人类文明史上的历次重大变革，本质上都是传播媒介的革新。无线电技术发展中的第一次重大突破就是真空管的发明和应用。真空管使无线电波传播语音和音乐成为可能，这次无线电技术的革命引发了一场深刻的媒介革命。

如今，各种信息的新载体、新媒介层出不穷，海量信息铺天盖地迎面而来，令人眼花缭乱、目不暇接。在这样一个信息爆炸、嘈杂喧嚣的时代，本章让我们从之前那个“车马很慢，书信很远”的年代开始，一起回顾从无线广播开始的、一路走来的信息媒介革命，感叹无线电技术的发展对人类文明进程的贡献。

1. 无线广播引领传播媒介的革命

无线广播是以无线电波为载体的一种广播方式。自 1920 年世界上第一个取得营业执照的无线电广播台——美国匹兹堡 KDKA 开始播音以来，无线广播已经走过了一百多年的历程。在这一百多年里，我们迎来了人类历史上革命性的科技大爆发，科学理论日新月异，各种新应用、新发明层出不穷。无线广播就是在这样的大环境下孕育、诞生，并发展成熟为一种有广泛和深刻影响力的传播工具。

以其廉价传播的优势，无线广播已经在世界各地服务人们的生活。图为一名记者在南苏丹的米拉亚广播电台进行广播（来源：联合国官网）

根据联合国教科文组织的数据统计，截至2019年，全球共有超过4.4万个广播电台，无线广播人口覆盖率已超过95%。也就是说，比起互联网、电视机等“后起之秀”，这一历史悠久的媒介仍与人们的生活息息相关。也许你没有宽带，没有电视机，也许你在开车、跑步、做家务……但是你随时都可以打开收音机，了解当今世界的最新信息，无线广播真正实现了“广为传播”。

在不同的历史时期、不同的文明阶段，人类传播信息的工具各不相同。每一次传播工具的改进都意味着文明向前跨出了一步。归根结底，文明史上的每次重大变革，其本质都是传播媒介的革新。

1000多年前印刷术的诞生使知识开始大量存储和广泛传播，进一步扩大了信息交流的范围和效率。尤其是在15世纪，古登堡印刷术在欧洲的大量应用，减少了信息传播的经济成本，使文化知识迅速散播开来，从而有效推动欧洲走出了黑暗中世纪，并开始文艺复兴。

进入 20 世纪后，随着科技的发展和进步，电报、电话、广播、电视机相继被发明并得到了广泛的应用，这些都使信息传播的速度和广度大为提高。有了无线电，人们得以跨越空间和时间的阻碍，更加迅捷、有效、全面地获取各类信息。无线电技术和计算机网络技术融合，产生了移动互联网。到了 21 世纪，无处不在的网络，使人们对信息的处理能力、处理速度再次产生飞跃，一天获取的信息量可能是从前几十年，甚至几百年都不能得到的。

2. 早期无线电报的技术瓶颈

1887 年前后，德国物理学家赫兹用实验证实了电磁波的存在。这种看不见摸不着的东西如何为人们所利用，成为科学家和工程师们的课题。1895 年，意大利的马可尼和俄国科学家波波夫（1859—1906）各自独立地完成了无线电信号的传送试验。从此，人类可以摆脱导线的束缚，通过无线电波将信息进行远距离传送。

最初的火花式发报机发出的电波是断断续续的，用于传送时断时续、滴滴答答的莫尔斯电码还可以，并不适于传递人声。此时，有线电话已经被发明并投入了生活应用，如何将声音振动通过无线电传播就成为了人们当时最感兴趣的研究课题之一。这个难题的解决离不开真空管的发明。

无线电爱好者制作的火花式发报机，两个小球之间产生了电火花

3. 真空管应运而生

曾为马可尼跨大西洋无线电通信实验发挥重大作用的英国著名科学家——马可尼公司的科学顾问——弗莱明在1904年发明了第一个热离子真空管，即双电极二极管，他称之为“振荡阀”。这项发明通常被认为是电子学的开端，因为这是第一个真空管。这种真空管在此后几十年一直用于无线电接收器和雷达，直到晶体管的出现。

英国科学家弗莱明

1906年，曾在7年前（1899年）在美洲杯帆船赛中与马可尼交流检波器的那位物理学博士，发明了一种新型的器件。他在真空二极管基础上，又增加了一个栅极，调整栅极的电位就可以控制阳极和阴极之间的电流大

福雷斯特手拿一个真空三极管

小，这就是真空三极管。由于当时的金属屑检波器并不好用，成为马可尼试图革新的技术目标。这位念念不忘，久久为功的科学家就是美国的无线电专家、电气工程师福雷斯特。

真空二极管与真空三极管一起被称为真空管。真空管不仅可以控制发射的强度，还可以精确控制频率，发送连续稳定的高频振荡信号。这样，无线电不仅可以传递莫尔斯电码，而且使传递语言、音乐及其他声音信号成为可能。

但福雷斯特发明真空三极管后并没有引起人们的关注。当他带着自己发明的产品向别人推销时甚至被当成了骗子，还被人送到了纽约法庭审判。但福雷斯特却坚信“历史将证明，我已经发明了空中帝国的王冠”。的确，后来的发展证明了他的预言，真空三极管在无线电领域的地位是其他任何器件都无法取代的。

4. 调幅电路支撑首次广播实验

美国电气工程师雷金纳德·奥布里·费森登（Reginald Aubrey Fessenden，1866—1932）一直致力于研究如何把人的声音通过无线电波传出去。一天，他在湖边思考时，下意识地将石块扔到水里，湖面泛起的涟漪突然让他眼前一亮：如果声音能像湖面的波纹一样，连续地在无线电波中传送，效果会怎样？后来他正是沿着这个思路研发出了一套无线电设备。在这套设备中，费森登将人的语音通过送话器转变为音频电信号，再将音频电信号叠加到高频载波上变成调幅波信号发射出去，这个过程就是调幅（AM）。

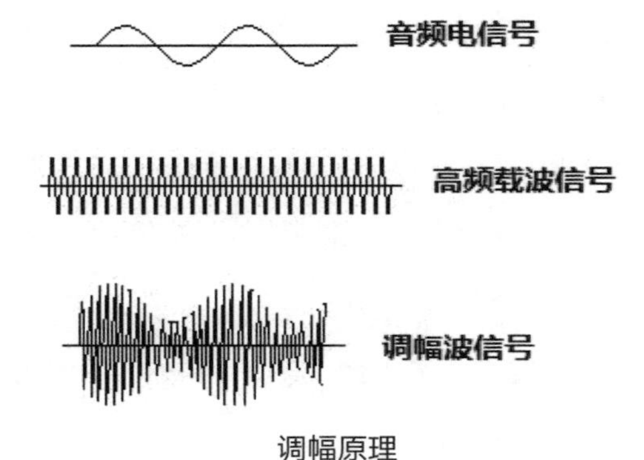

调幅原理

1906 年 12 月 24 日，费森登在美国马萨诸塞州首次用这套设备广播了乐曲，为此他甚至在报纸上进行了预告，并用莫尔斯电码发出信号通报大西洋上的来往船只。当晚，在大西洋一些船只上的报务员听到了乐曲声，并在最后听到了祝大家圣诞快乐的声音。这是有历史记载的第一次广播实验。

正在广播的费森登

但费森登的这次广播实验当时并没有引起轰动，甚至没多少人注意。因为当时除了发射机的调制技术不成熟外，普通听众尚未有接收广播的无线电设备，只有极少数专业的电话电报员收听到了这次广播。要真正实现无线广播，还需要一种普通公众都能拥有的、专门用于收听相应声音信号的无线电接收设备——收音机。

5. 收音机的问世和发展

无线电广播台和收音机是通信发送和接收的两端，没有收音机，广播给谁听呢？ 20 世纪初，人们发现有些矿石具有检波作用，能够检测到无线电信号。用矿石检波器连接其他几种电子元器件就能通过耳机收听到无线电信号。这种矿石收音机不需要安装电池，结构和组装相对简单，直到现在还有很多爱好者在不断学习组装、改进、收藏矿石收音机。

后来人们把真空二极管用来检波，取代矿石检波器，同时用真空三极管进行高频和音频放大，较好地改善了收音机性能。真空管的应用对改善收音体验有很大的帮助，人们不再局限于用耳机收听，而是可以把收音机放在客厅，供家人一起欣赏广播节目。

无线电爱好者制作的矿石收音机

德国 SABA 真空管收音机（正面）

从德国 SABA 真空管收音机的内部构造中可看到真空管

6. 超外差电路问世

1917 年 4 月，美国加入了第一次世界大战。同年晚些时候，美国工程师埃德温·霍华德·阿姆斯特朗（Edwin Howard Armstrong，1890—1954）被任命为美国陆军通信兵团的上尉，并被分配到法国巴黎的一个实验室帮助盟军开发战时的无线电通信设备。1918 年秋，他晋升少校军衔后返回美国。在此期间，阿姆斯特朗最重要的成就是开发了一种“超音频外差”（简称为“超外差”）电路。

1922 年，阿姆斯特朗在美国讲解他设计的超外差电路

这种新型电路使无线电接收器更加灵敏和更具选择性，在今天仍被广泛使用。超外差电路的主要特征是将输入的无线电信号与无线电装置内本地生成的不同频率信号混合（该电路也称为混频器），结果是一个固定不变的中频信号，很容易被放大，并通过下级电路进行检测。1919 年，阿姆斯特朗申请了超外差电路的美国专利，该专利于次年颁发，随后被出售给西屋电气公司。在两次世界大战期间，阿姆斯特朗都允许美国军方免费使用他的专利。

注：该专利曾受到质疑，质疑者是法国的吕锡安·莱维（Lucien Lévy），他也在第一次世界大战期间参与研发盟军的无线电通信设备。他于 1917 年和 1918 年获得了法国专利，这一专利涵盖了阿姆斯特朗超外差电路中的一些相同思想。

人们根据超外差原理制作了超外差式收音机。之前的收音机都是直放式的，它把调谐后收到的信号都传给后级放大电路去放大了，这样不仅效果不好，而且不容易区分不同频率的信号。超外差式收音机在电路原理上对直放式收音机进行了改进，使整个收音机焕然一新，灵敏度也大大提高，接收电台的频率范围更为广泛，也就容易接收更多的广播电台节目了。这种电路设计方法在实际应用中大放异彩，今天世界上绝大部分的无线电收音机、广播电视、卫星地面站等还是利用超外差电路来工作的。

7. 晶体管时代来临

1926 年，物理学家朱利叶斯·埃德加·利林菲尔德（Julius Edgar Lilienfeld，1882—1963）提出了场效应晶体管（Field-Effect Transistor，FET）的概念，它是利用控制输入回路的电场效应来控制输出回路电流的一种半导体器件，但当时的半导体材料和工艺条件还不能构建工作器件。

1947 年，美国贝尔实验室的威廉·肖克利（William Shockley，1910—1989）、约翰·巴丁（John Bardeen，1908—1991）和沃尔特·布拉顿（Walter Brattain，1902—1987）成功研制了世界上第一个晶体管。晶体管是一种半导体器件，比起真空管，晶体管具有体积小、质量轻、性能好、省电及寿命长等特点。它被认为是现代史中最伟大的发明之一，

1948 年贝尔实验室的巴丁、肖克利、布拉顿

被广泛应用于通信、广播、电视机、计算机等。1956 年，肖克利、巴丁和布拉顿 3 位科学家因发明晶体管共同获得诺贝尔物理学奖。

比起真空管，晶体管要小得多

1997 年，朗讯科技创造了这个复制品，以纪念贝尔实验室发明晶体管 50 周年

晶体管的第一个商业化产品就是收音机。比起真空管收音机庞大的身躯，晶体管收音机袖珍、方便，价格还便宜，这才是真正意义上的现代收音机。人们不再局限于只能在家里收听广播了，而是可以把收音机拿到户外，想在哪里听就在哪里听。随后，美、德、苏等国开始大规模生产晶体管收音机。因为晶体管的原材料是锗和硅等半导体，所以晶体管收音机又被称为半导体收音机。而真空管收音机逐渐被送进了博物馆，当作收藏品。我国在 20 世纪 50 年代末开始研制半导体收音机，并在 70 年代达到生产高潮，到 1986 年，半导体收音机的总产量已经达到 2 亿多台。

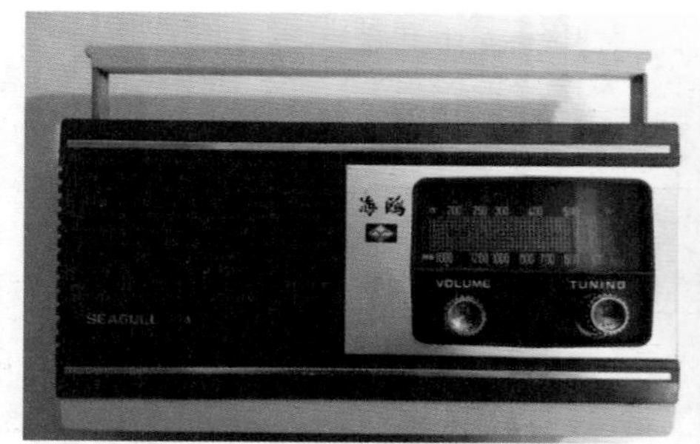

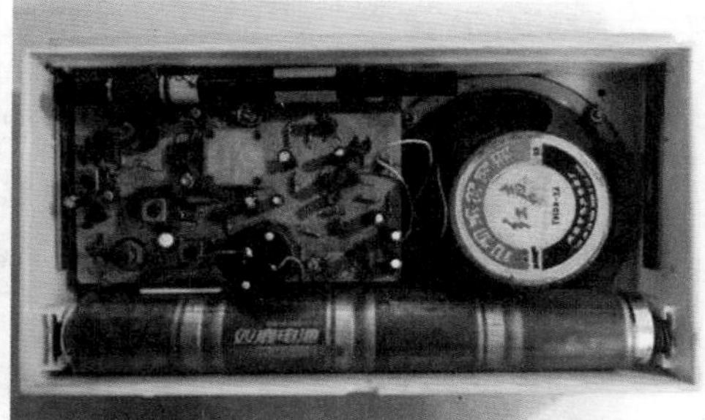

天津海鸥 708 型半导体收音机及其内部构造

8. 步入集成电路时代

晶体管发明并大量生产之后，各式固态半导体组件大量使用，取代了真空管在电路中的功能。到了 20 世纪中后期，半导体制造技术的进步，使集成电路（Integrated Circuit，IC）成为可能。相对于使用个别分立电子组件的手工组装电路，集成电路可以把很大数量的微晶体管集成到一个小芯片，是一个巨大的进步。集成电路的规模生产能力、可靠性，以及电路设计的模块化方法确保标准化集成电路代替了离散晶体管。

第一个集成电路雏形是由美国物理学家杰克·基尔比（Jack Kilby，1923—2005）于 1958 年完成的，其中包括 1 个双极性晶体管、3 个电阻器和 1 个电容器。基尔比因此荣获 2000 年诺贝尔物理学奖。鉴于集成电路的重大影响，我们有必要回顾一下这个精彩的研发过程。

当时电子产品的各种元器件包括晶体管、电阻器、电容器等。它们各自被制造出来后，再由工人进行焊接及线路连接，这样生产出的产品残次率高且体积庞大。1958 年 5 月，基尔比加入德州仪器时，公司的解决方案是先将每个电子元器件的大小及形状统一起来，然后互相连接的工艺就可以标准化，美军通信部队资助了这项尝试。

但基尔比并不认为这是个好方法，他开始寻求替代方案。当年 8 月，他发现常用的电子元器件可以用同一种材料制作，他利用硅（Si）做出了电阻器、电容器等元器件。9 月，他用锗（Ge）做出了一片只有 7/16 英寸 ×1/16 英寸（约为 11.11mm×1.59mm）的器件，这个器件的功能很简单，仅能产生正弦波。史上第一片集成电路就这么诞生了。

一开始公司和业界并不觉得这有什么价值，只有军方对这条路径有兴趣，并给予了支持，后来的实验中，基尔比把锗换成了硅。1961 年，美国空军首次使用了由硅晶圆制成的集成电路，第二年集成电路又被安装在洲际导弹中。军事应用的成功让德州仪器开始考虑推广集成电路。公司意识到，要让集成电路占领市场，必须推出一款具有绝对优势的产品。于是，基尔比做出一款尺寸小到能放入口袋的计算器，第一款利用集成电路制造的便携计算器问世，在市场上引起了轰动。

值得一提的是，1958 年几乎同时研发出近代实用集成电路的还有罗伯特·诺顿·诺伊斯（Robert Norton Noyce，1927—1990），他是仙童半导体公司（1957 年创立）和英特尔（1968 年创立）的共同创始人之一，被人们称为“硅谷之父”。

功成名就的基尔比一手拿便携计算器，一手拿集成电路芯片

随着集成电路的发展，越来越多的收音机采用集成电路，收音机的体积变得更小了。如果说半导体收音机得用手提着的话，集成电路收音机则完全可以轻松放在手掌上或者口袋里，更加方便人们随身携带、随时收听。

如今大部分收音机采用了集成电路

9. 广播电台的运营

在回顾完收音机和相关元器件的发展历程后，我们再回过头看看无线电广播台。在1906 年费森登第一次开展广播实验的同时，福雷斯特也没有放弃对无线广播的追逐。1908 年，他在法国的埃菲尔铁塔上广播了唱片节目，被 25 英里（约为 40.23km）外的法国军事电台收听到了。1910 年，他又从美国纽约实况播出了大都会歌剧院演出的歌曲，尽管有信号干扰，还是有大约 50 名听众收听到了清晰的节目。

作为个人来讲，费森登与福雷斯特的实验性广播电台无疑是成功的，但真正进行商业化运作，并把广播变成一项商业行为的还是一家财力雄厚的公司——美国西屋电气公司。1920 年，西屋电气公司看中了无线广播广阔的市场前景，开始组织人员在匹兹堡架设广播电台，并为其申请了商业执照，呼号为 KDKA。

1920 年 11 月 2 日，匹兹堡 KDKA 广播电台开始播音。它是第

早期 KDKA 广播电台的播音员在广播

一个获美国联邦政府颁发商业执照的广播电台，也是全球第一家正式建立的商业广播电台。当天它就播出了沃伦·加梅利尔·哈丁（Warren Gamaliel Harding，1865—1923）当选为第 29 任总统的消息。宾夕法尼亚州、俄亥俄州和西弗吉尼亚州的人们同时收听到了这一广播。这也标志着无线广播这一传播新媒介开始走进和影响人们的生活。

此后，在无线电制造商的推动下，各国的广播电台陆续诞生。1921—1925 年，英国、苏联、德国、中国等先后开通广播电台。当时无线广播的频率主要在中波（300~3000kHz）和长波（30~300kHz）波段。随着技术的进步和发展，以及国际广播的需要，20 世纪 20 年代末，世界上又出现了短波广播电台。

这一时期世界各国诞生的广播电台以私营商业电台为主。这些商业电台以播送听众喜爱的音乐等娱乐性强的内容来吸引受众，然后播放大量商业广告、推销商品，究其本质而言，这些广播电台是为商业公司销售产品、获取利益服务的。

20 世纪 30 年代，无线广播开始由商业媒体向公共媒体过渡，无线广播的公共属性逐渐显露。1933 年，富兰克林·德拉诺·罗斯福（Franklin Delano Roosevelt，1882—1945）就任美国总统的第一周便开创了“炉边谈话”形式的广播。此举给处于大萧条中的人们带来极大的精神慰藉，罗斯福总统也因此赢得底层人民的支持。有人说，大萧条中最大的安慰，就是一家人守在一起听广播。无数个抱团取暖的家庭，构成了克服经济寒冬的一个个堡垒，增强了战胜难关的信心。

20 世纪 30 年代美国家庭在收听广播

早期的广播采用的是调幅广播。调幅广播就是用声音频率来改变高频载波的振幅，使载波的振幅随声音的变化而变化。调幅波容易受闪电和其他工业干扰的影响，出现杂音，影响收听效果，而这些干扰和杂音又很难消除。

1933 年，那个发明了超外差电路的阿姆斯特朗又设计了一种新方式来解决这个问题：调频广播（FM）。调频广播是用声音频率来改变高频载波的频率，使载波的频率随声音的变化而变化，而振幅始终不变，这就可以不受那些干扰的影响。同时，调频广播的带宽比调幅广播的要宽，更大的带宽意味着更好的声音质量。1941 年，美国首先开始使用商业调频广播，此后越来越多的广播电台开始使用调频广播。从此，人们迎来了不受天电噪声干扰，且具有高保真度的无线广播新时代。到目前为止，世界上绝大多数广播电台采用的是调频广播。

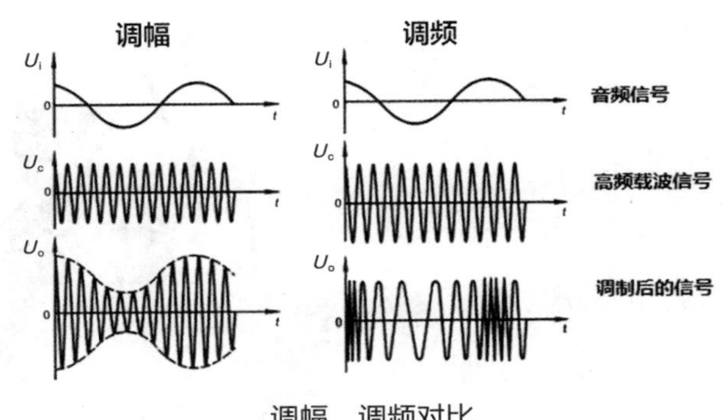

调幅、调频对比

第二次世界大战中，广播因其感染力强、受众面广、传播信息及时等优势，在战争中发挥出了巨大的影响力。各国纷纷利用广播进行宣传鼓动，展开了以广播为中心的舆论战、心理战。在纳粹德国，希特勒及其宣传部部长戈培尔认为无线广播是德国在政治上崛起的必要前提。面对纳粹德国的舆论战，英国的很多广播电台及时予以回应，英国广播公司就是在此时崛起，用无线广播作为武器进行反击，对纳粹德国罪行进行了大量报道，并通过电台鼓舞人们奋起反抗。

第二次世界大战期间，我国同样充分认识到广播于战争的重要作用，延安新华广播电台（中央人民广播电台的前身）利用无线电开展了大规模的抗战救国宣传。同时，国际广播电台使用英语、日语等对欧洲、日本等地进行广播，宣传抗日，对瓦解日军的意志、消减敌人的斗志起到了有力的作用。1945 年 8 月 15 日，日本天皇

延安新华广播电台的工作场景

裕仁以广播《终战诏书》的形式宣布无条件投降。

20 世纪 50 年代后，广播电台发展迅猛，无线广播逐渐成为当时最快捷、最生动的新闻、文化传播媒体，成为人们最重要的精神食粮之一。在我国，无线广播的发展成熟还推动了广播体操运动在全国的普及，从而使这项运动影响了几代中国人，成为我国老百姓心中不可磨灭的记忆。

20 世纪 60 年代至 70 年代广播体操运动普及全国

除了广播体操外，无线广播的便利性、可靠性，也使它在其他领域有了一些新应用。自 1987 年开始，中国大学开始组织大学英语四六级考试。设置听力考查部分后，很多大学采用无线广播的手段播放听力测试题，考场上的每个考生都会戴有一个耳机式收音机。要想取得一个好的听力成绩，没有一个性能良好的耳机式收音机是万万不能的。

目前，世界各国都把广播作为遭受灾难时的主要应急工具。在地质灾害多发的日本，许多家庭的应急包里放有收音机。在中国，应急广播体系逐渐建立。2013 年 4 月 22 日下午，在芦山地震发生 56 小时后，国家应急广播芦山抗震救灾应急电台前方直播间正式开始播音。这是中国第一个专门为灾区民众提供实用信息服务的定向应急广播。

10. 电视机、数字广播及卫星广播

步入 20 世纪 60 年代后，电视媒体崛起并逐渐普及。20 世纪 90 年代以计算机技术为支撑的互联网、智能手机等新媒体开始大量应用，这些都对广播发展形成了巨大冲击。在新旧媒介交替的背景下，广播开始寻求适应自身发展的路径。

从技术层面讲，随着数字技术的发展，20 世纪 80 年代至 90 年代出现了继调幅广播、调频广播之后的第三代广播——数字广播。它不仅可以传递音频，也可以传递图像。除了抗干扰能力强之外，数字广播电台的传递距离更远，但是由于存在着频率规划、技术标准不统一和更换发射机、接收机费用等问题，其目前只在美国、欧洲部分国家有所使用，并没有被大面积应用。

在 2000 年前后，由于卫星技术的发展，美国、日本、韩国等国家的一些公司采用地球同步轨道卫星的方式发射卫星广播，这是继短波通信以来无线广播业务领域最具历史性的飞跃。每颗地球同步轨道卫星的覆盖范围可扩展到地球面积的 1/3，这是调频广播无法比拟的，同时卫星广播信号稳定，音质优良。但同样由于卫星广播接收机成本比传统收音机昂贵太多，卫星广播在全球的普及程度也较低。

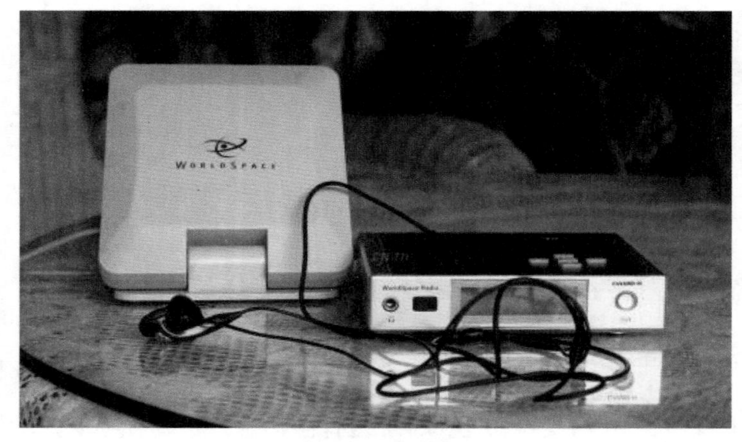

卫星广播接收机

尽管从技术层面看，这两种新型无线广播技术的发展并未达到预期效果，但它们依然是无线广播为了更好地跟随科技的进步、满足人们不断增长的需求而努力进行的探索和尝试。

今天我们能看到，无线广播仍在尝试与各种新媒体积极融合。在智能手机终端，在计算机互联网上，无线广播仍在源源不断地向人们传达着各种信息，依然有众多忠实的听众。根据尼尔森网联发布的《中国广播及音频应用发展报告（2019 年）》，2018 年中国广播听众规模有 4.2 亿左右。而在非洲及一些欠发达国家和地区，电视机和互联网的覆盖率极其有限，无线广播是更受欢迎的一种媒介。

2011 年，联合国教科文组织在第 36 届大会上确定将 2 月 13 日定为世界无线电日（World Radio Day，也称世界广播日）。联合国秘书长在 2019 年的世界无线电日发表致辞指出，广播是一个强大的工具，它能触及的人仍多于任何其他媒体平台。它向人们传送要闻信息，还能让人们对重要问题提高认识。它也是一个人际互动的平台，能让人们表达观点、担忧、不满。

媒介发展历史上，有的媒介黯然退出历史舞台，如曾经的无声电影；有的媒介前途未卜，如纸质报纸。广播的未来在哪里？通过梳理广播的百年发展路径，我们发现，在不同的社会环境下，广播既能把握自身优势、围绕声音传播本质打造独特竞争力，又能主动融合不同媒介，寻求自我传播效力的最大化，使其拥有更多可能。

在电影《流浪地球》中，地球即将坠入木星的关键时刻，韩朵朵通过全球应急广播呼吁：“中国 CN171-11 救援队正在执行最后的拯救地球任务，恳请其他国家正在撤离的救援队返回支援。”剧情中这次的广播，让全人类重新点燃了生的希望。

在信息传播工具如此丰富的时代，未来广播将会以何种形态、何种特性、何种功能出现在公开传播中，我们且拭目以待。但可预见的是，广播作为声音传播的方式，一对多、点对面的传递信息的本质属性将被保留。随着无线电技术的发展，人们传递信息的方式越来越多，无线电波作为随时随地自由传播的媒介具有天然优势。

本章主要参考文献

[1] 郭镇之 . 中外广播电视史 [M]. 上海 : 复旦大学出版社 , 2016.

[2] 张敬民 , 罗庆东 , 康维佳 , 等 . 划破夜空的灯塔 : 旷世奇绝的广播史话 : 从延安窑洞到开国大典 [M]. 北京 : 中国国际广播出版社 , 2012.

[3] 马阳 . 百年广播的功能衍变与拓展 [J]. 中国广播 , 2020(5): 43−47.

[4] 吴剑 . 从笨重到精巧的收音机 [J]. 发明与创新 (大科技), 2014(9): 47.

[5] 朱云怡 , 钟声洪 . 卫星数字音频广播应用研究 [J]. 卫星应用 , 2015(7): 53−55.

[6] 付凯 . 浅谈数字无线电广播 [J]. 广播电视信息 , 2010(10): 37−39.

第七章　移动通信时代

“不是我不明白，这世界变化快”，摇滚歌手崔健早在1989年就发出了这样的感慨。历史上从未有一个时代像现在这样，通信技术的发展日新月异，产品更新换代在转瞬之间，今天的我们似乎还未习惯技术如此快速地更迭。短短数十年间，从“大哥大”到键盘手机再到智能手机，手机信号也不断变化，不知不觉中我们已经走进了移动通信的5G时代，其中的G是英文“Generation”的缩写，意为“代”。

对于用户来说，从1G到5G，从“大哥大”到智能手机，移动通信的速度越来越快、手机的应用功能越来越多。现在，让我们一起回顾移动通信的发展史。

1. 50年：天翻地覆

50年前，也就是1973年，被后人誉为“移动手机之父”的美国摩托罗拉公司的工程师马丁·劳伦斯·库帕（Martin Lawrence Cooper，1928— ）发明了世界上第一部移动电话，人类终于实现了“移动着”也能打电话的目标，移动通信时代开始了。

“它只能打电话……不能发短信、不能照相，通话时长只有30min，却要充电10h，待机时间也只有12h。机身上还有一根长

马丁·库帕手持第一代移动电话

15cm 的天线。”这是库帕在接受媒体采访时回忆起的当时情景。库帕今年已经 90 多岁了，发明移动电话时，他才 44 岁，他亲眼见证了移动电话在这 50 年间发生的巨大变化。当时这部手机重达 790g，是现在苹果公司的 iPhone 14（质量约为 172g）的 4 倍还多。当年的这部手机早已经告别了历史的舞台，但它依然是人类通信史上零的突破，有着重大的里程碑意义。

2. 一切都在铺垫

人类历史上大多发明创造是一代人在前一代人的基础上继承、创新而成功实现的，移动通信技术的发展更是如此。没有前人的努力、铺垫，移动通信无从做起。所以，我们先看几个与移动通信相关的重要技术发明，正是这些技术的应用、成熟带来了实现移动通信的可能。

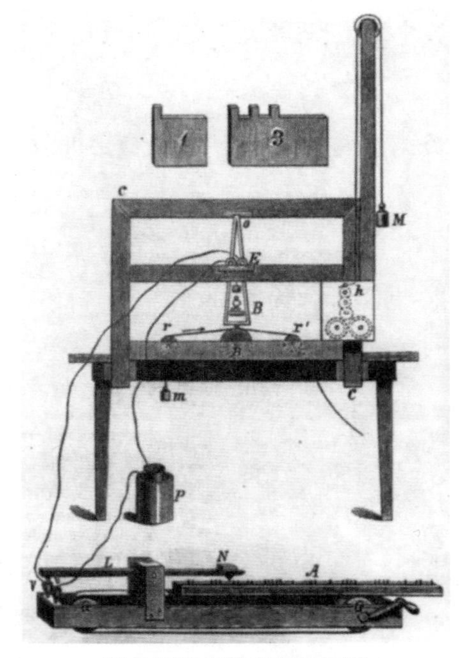
莫尔斯发明的电报机原型

1835 年，美国画家、电报之父塞缪尔·莫尔斯成功在实验室内架设有线电报机，1937 年，通报实验成功，通过一根长长的电线，实现了文字信息从一头到另一头的传输。这是有史以来首次采用电子信号传输数据的设备，是人类第一条信息高速公路。在发明电报以前，长途通信主要借助驿马、信鸽、信狗等，传送时间长，需要大量的人力、物力、财力。

1876 年，美国发明家亚历山大·格拉汉姆·贝尔（Alexander Graham Bell）成功发明了有线电话。通过一根细细的电话线，相隔甚远的两个人就能进行实时语音交流。百年以后，著名作家约翰·布鲁克在《电话，第一个世纪》一书中说："以往，人们只有大喊大叫才能让百码（长度单位，1 码约为 0.9m）以外的人听到。现在，我们一声轻语都能让世界各地的人听到。"

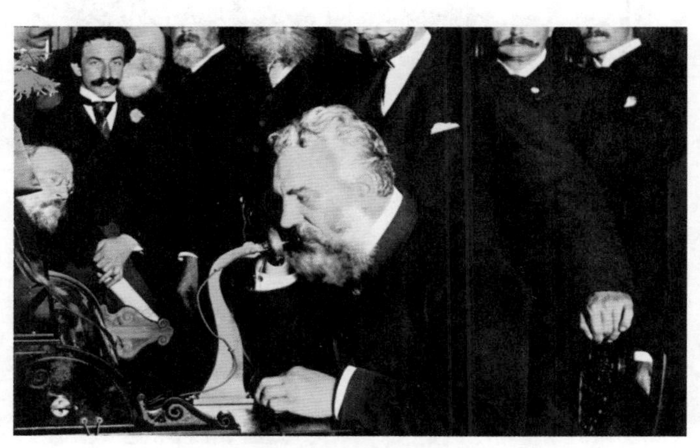

贝尔和他的有线电话

1895 年，马可尼与波波夫各自独立发明了无线电通信装置，实现了无线电信号的传递，无线电报就此实现。在无线电报投入实际使用之后，很快就有人想到了，既然无线电报能够传播文字消息，那么是不是可以发明一种装置，既可以摆脱电话线的束缚，又可以像有线电话一样传播语音呢？人类是不是就可以实现移动着也能通信的目标呢？技术的发展源于人类的需求和愿望，人类的需求是技术更新的最大动力。

3. “0G”时代：艰难的探索

在 1G 时代之前，有一个漫长的时代，我们可以称之为“0G”时代。

1902 年，自学成才的美国人内森・斯塔布菲尔德（Nathan Stubblefield）在自家的后院竖起一根长达 37m 的天线杆，利用无线电成功将语音从一部电话传输到另一部电话里。这部电话内的线圈所需的电线总量比连接它们的线还长，不过这项发明的确具有可以移动的优点。

斯塔布菲尔德和他的巨型“无线电话”

斯塔布菲尔德兴奋地将他的成果拿到城镇公共广场向公众展示，造成了不小的轰动。1908 年，斯塔布菲尔德申请了用于与马车和船只等交通工具进行通话的“无线电话”专利。通过在各种交通工具上安装接收发射装置，实现了最早的车载移动通信。但可惜的是，他的电话在他的有生之年一个也没有卖出去，因为太过笨重，一部移动电话足足有水桶般大小，使用非常不便。而且通信距离也很有限，范围只有 1km，没有资方愿意给他投资。斯塔布菲尔德有 6 个孩子要养活，为了搞研究他把所有的积蓄都投了进去，家庭非常贫困，妻子无法忍受他的作为，最终带着孩子离他而去。1928 年，斯塔布菲尔德在穷困潦倒中孤零零地死去，被埋在一个没有墓碑的坟墓里。

之后在整个 20 世纪 20 年代，有许多民用公司先后研发出多种短波频段上的无线电话系统。当时美国底特律市警察已经开始使用车载无线电系统，该系统工作频率为 2MHz，到 40 年代提高到 30~40MHz。以现在的眼光看，这些系统及斯塔布菲尔德的“无线电话”类似于今天的无线对讲机。这个时期也是现代移动通信的起步阶段。

美国军方也早早就认识到无线通信的重要性，于是开始下大力气研制无线通信工具，并且自己研制出一款报话机（Walkie Talkie）SCR-194，它全部由真空管制成，非常笨重，不适合战场使用，很快就被淘汰。但它的名称“Walkie Talkie”却留了下来，翻译成中文，就是“边走边说”，也是今天大家熟知的“步话机”这一名称的由来。美国加尔文制造公司（摩托罗拉公司的前身）的一些工程师参与了后续的研制工程。

加尔文制造公司由保罗·加尔文（Paul V. Galvin）创立于 1928 年，于 1947 年更名为摩托罗拉，该公司最早生产汽车里的收音机，摩托罗拉则是这种收音机的品牌。摩托罗拉一词 Motorola 的前 5 个字母 Motor 表示汽车，ola 是美国很多商品名称喜欢用的后缀，比如大家熟知的可口可乐 Coca Cola。

1940 年，加尔文制造公司收到了来自军方的合同，要求他们开发一种便携的、电池供电的语音无线电系统，供步兵使用。加尔文制造公司在SCR-194的基础上研发出了SCR-300。SCR-300工作在40~48MHz的频率范围，这个系统已经在频率范围内将无线空中接口信道化。在最终验收的测试中，SCR-300展示了良好的抗干扰能力和通话质量。加尔文制造公司在第二次世界大战中生产了近5万部的SCR-300步话机。

SCR-300 步话机

SCR-300步话机的通信距离达到3英里（约4.83km），质量为32~38磅（14.51~17.24kg），需要由士兵背着。相对于旧款步话机，SCR-300步话机更为坚固耐用，且抗干扰能力也更强，是真正用于战场的步话机。

补充一下，在20世纪90年代之前，加尔文制造公司（摩托罗拉公司）一直扮演着通信领域拓荒者的角色，创造了通信方面的无数个“第一”。1969年7月，人类从月球说的那句著名的“这是我的一小步，却是人类的一大步”就是由摩托罗拉公司的无线应答器送回的。

回到 1942 年，在 SCR–300 的基础上，加尔文制造公司再下一城，研制出手提式步话机（Handy Talkie）SCR–536，这是一部真正的手持步话机。

一个士兵正在使用 SCR–536 手持步话机

SCR–536 的工作频率为 3.5~6MHz，输出功率为 360mW，通信距离最高可达 4.8km，制作成本低至 30 美元。其最大的特点就是质量轻，仅重 5 磅（约为 2.27kg），外形上与大家熟知的“大哥大”已经没有太大差别，一名士兵就可手持它进行对话，不再需要背负。SCR–536 被认为是历史上第一部手持步话机，它与前几代机型一起，构成了现代便携式通话工具（包括对讲机、手机）的前身。

SCR–536 在第二次世界大战时被大范围使用，约有 13 万台 SCR–536 先后被投入使用，从而对盟军战时通信起到了重要保障作用。诺曼底登陆中，盟军先头部队携带了大量 SCR–536 步话机，以保障进攻时的通信联络。加尔文制造公司在军品供应上的超前技术和高质量，扩大了其在无线射频技术上独孤求败的优势。

战争结束后，1946 年，美国电话电报公司率先将无线收发机与公共交换电话网相连，正式推出了面向民用的移动电话服务（Mobile Telephone Service，MTS），实现了无线设备与有线电话系统的连接。

在 MTS 系统中，如果用户想要拨打电话，先使用无线电话与运营商接线员进行通话，请求对方通过公共交换电话网进行二次接续。整个通话采用半双工的方式，也就是说，同一时间只能有一方说话。说话时，用户必须按下电话上的“push-to-talk”（按下通话）开关。尽管现在看来，MTS 非常不方便，但它确实是人类有史以来的第一套移动电话系统。

等等！不是说移动电话发明于 1973 年吗？怎么 20 世纪 40 年代就有了？

大家先别急，其实 MTS 系统中的 Mobile Telephone（移动电话）并不是手机，而是 Mobile Vehicle Telephone（移动车载电话），更准确地说，是车载半双工手动对讲机，其终端设备重达 36kg。以当时的电子技术和电池技术，是不可能发明出手机这样随身携带的终端的，能造出车载电话就已经非常不错了。

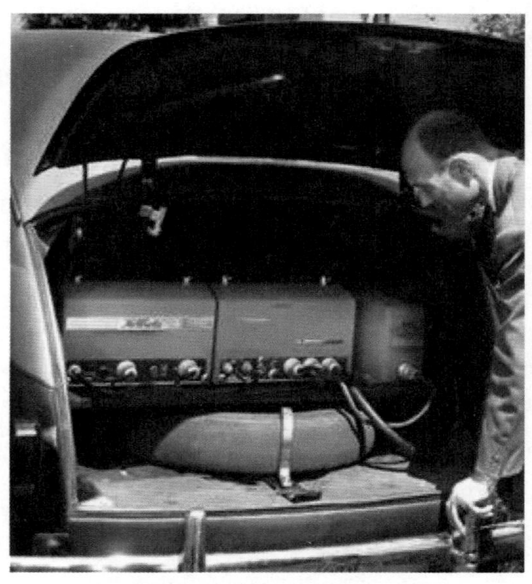

汽车行李舱里庞大的信号收发装置

同样，在 1946 年，加尔文制造公司也开发了类似的设备并在芝加哥投入使用。

1964 年，在此基础上，

美国电话电报公司推出了 IMTS（Improved Mobile Telephone Service），也就是改进的移动电话服务，该系统共有 3 个频段，32 个信道。在 IMTS 系统中，已经采用了蜂窝通信的基本技术，采用大区制（一个基站覆盖 40~60 英里（64.37~96.56km）），允许终端电话进行特定的漫游，电话的发射功率也已经降低到 25W（对应的 1G 时代手机是 3W 左右，而现代手机仅 0.6W 左右）。

IMTS 系统当时是一个非常先进的系统，但是当时的集成电路是很少的，所有硬件都由分离的晶体管实现，设备过于庞大笨重。但是在上述两个系统的使用过程中，设备商和运营商已经充分理解无线运营的相关技术需求，并在此基础上建立起完整的移动通信系统理论框架和技术架构，为后面的移动通信大发展打下坚实的基础。

4. 手机诞生：从0到1

进入 20 世纪 70 年代后，随着半导体工艺和集成电路的发展，手机的诞生条件终于成熟。1973 年 4 月 3 日，摩托罗拉公司工程师马丁·库帕站在纽约第六大道街头，从兜里掏出一个电话本，然后在一个“大型的、奶油色的设备”上按下一串电话号码，接着把它放在耳边，这一行为吸引了周围路人好奇的目光。

这就是人类用手机拨出的第一通电话，被叫方是库帕的老对手，供职于美国电话电报公司贝尔实验室的乔尔·恩格尔（Joel Engel）。库帕得意洋洋地告诉对方，自己正用一部“个人的、手持的、能移动的电话”呼叫他。电话那端，恩格尔一直沉默。这是一个标志性事件，标志着移动通信开始向有线通信发起挑战。

1973 年摩托罗拉副总裁约翰 · 米切尔（John F. Mitchell）在
纽约街头展示 DynaTAC 便携式无线电话

经过 10 年的不断改进，1983 年摩托罗拉第一部商用手机 DynaTAC 8000X 面向市场出售。第一款手机售价高得惊人，达到 3 万 ~4 万美元，只有富豪用得起，是标准的奢侈品。随后经典的“Hello Moto”开始响遍世界，至今仍回响在众多 70 后、80 后的记忆中。

摩托罗拉的老对手——美国电话电报公司贝尔实验室也没闲着。1978 年年底，贝尔实验室成功研制了全球第一个蜂窝移动电话系统——高级移动电话系统（Advanced Mobile Phone System，AMPS）。5 年后，这套系统在芝加哥正式投入商用并迅速在全美推广，获得了巨大成功。同一时期，其他各国也不甘示弱，纷纷建立起自己的第一代移动通信系统。日本电报电话公司（NTT）于 1979 年推出了商用自动化蜂窝网络，最初的应用范围为东京都市区。瑞典等北欧 4 国在 1980 年成功研制了 NMT-450 移动通信网并投入使用；联邦德国在 1984 年完成了 C 网络（C-Netz）；英国则于 1985 年开发出频段在 900MHz 的全接入通信系统（Total Access Communication System，TACS）。

5. 1G时代来临

1G 主要用于提供模拟语音业务，采用的技术是模拟通信系统，简单来说 1G 时代就是“大哥大”时代。在各种 1G 系统中，美国 AMPS 制式的移动电话系统在全球的应用最为广泛，它曾经在超过 72 个国家和地区运营，直到 1997 年还在一些地方使用。同时，也有近 30 个国家和地区采用英国 TACS 制式的 1G 系统。这两个移动电话系统是世界上最具影响力的 1G 系统。

中国的第一代移动通信系统于 1987 年 11 月 18 日在广东举行的第六届全运会上开通并正式商用，采用的是英国 TACS 制式，合作厂商是摩托罗拉。从中国电信 1987 年 11 月开始运营模拟移动电话业务到 2001 年 12 月底中国移动关闭模拟移动通信网，1G 系统在中国的应用长达 14 年，用户数最高曾达到 660 万户。如今，1G 时代那像砖头一样的手持终端——大哥大，已经成为了很多人的回忆。

中国第一个移动通信基站（广州）

正是因为有这么多制式，各个国家的移动通信用户不能实现互联互通。同时，第一代移动通信有很多不足之处，如容量有限、保密性差、通话质量不高、不能提供数据业务等。

6. 寻呼机：短暂的辉煌

1G 之后按理说应该回顾 2G 了，但是在讲 2G 之前，有一个无线通信产品我们无法绕过去。它的诞生甚至要早于 1G 时代，而且伴随了整个 2G 时代，曾经一度辉煌，它就是寻呼机。寻呼机在市场上曾有众多称谓：传呼机、呼叫机和 BP 机，此外还有更广为人知的叫法——Call 机，Call 机这个词在电影中出现的频率很高，“Call 我”的意思就是“用寻呼机呼叫我”。在中国的通信历史中，寻呼机来也匆匆，去也匆匆，有过风靡一时的短暂辉煌，然后就再也不见，沉入了历史。

寻呼机的发明为当时人们的即时通信增加了一个方式。寻呼系统包括 3 个部分：传呼中心（传呼台）、信号站（基站）、接收器（寻呼机）。寻呼机是一种单向通信，如果要使用寻呼机通知某人某些信息，首先，你要找到那个人的寻呼号码；接着，你给传呼中心打电话，电话接通后，告诉话务员对方的寻呼号码，以及要传达的内容，然后等待话务员将你的内容输入计算机，发送给对方；最后，对方收到消息，然后打电话给你。

关于寻呼机究竟是谁发明的存在一定的争议，有好几种说法有待进一步确认：1948 年，贝尔实验室研发出了世界上第一部寻呼机——Bell Boy；1949 年，曾在美国军方做通信工作的阿尔·格罗斯（Al Gross）发明了第一部无线寻呼机；1956 年，摩托罗拉发明了世界上第一部无线寻呼机。但唯一可以肯定的是，寻呼机的出现一定是早于手机的。

中国引进寻呼机的时间也早于手机。1983 年 9 月，上海开通了国内第一家模拟寻呼系统。当时是为在上海举行的第五届全运会开通寻呼服务，那时只有一个寻呼座席，30 多个用户，即工作人员。然而随着科技的成熟和社会需求的暴增，全国各地的传呼台如雨后春笋般出现，特别是摩托罗拉公司接连发售多款寻呼机后，传呼费终于降了下来，甚至到最后用户连入网费都不用交了，而同行之间为了抢客户，甚至开始免费送大家天气预报。20 世纪 80 年代至 90 年代末，寻呼机风靡大街小巷，经过短短 10 多年发展便至顶峰——1998 年，全国寻呼机用户突破 6546 万户，位居世界第一。“手拿大哥大，腰间 BP 机”在 20 世纪 90 年代被当作身份的象征。

那么问题来了，当时有线电话和移动电话已经面世很久了，传呼机为何还会拥有一段辉煌的时光呢?

任何爆款产品都是迎合了时代的需求。当时安装有线电话要排队，费用也要数千元。大哥大虽然便捷，能随身携带，但动辄一两万元的价格让人望而却步。寻呼机则只需数千元，到了 20 世纪 90 年代，价格更是降到了 500 元左右，普通消费者完全能够承受，而且它也可以随身携带，虽然是单向通信，但至少能联系上对方。

20 世纪 80 年代，我国的寻呼机产品都来自国外企业，尤其来自摩托罗拉。刚开始的寻呼机只能显示英文字符，后来才发展出能显示中文的寻呼机，这一功能简称“汉显”——汉字显示。

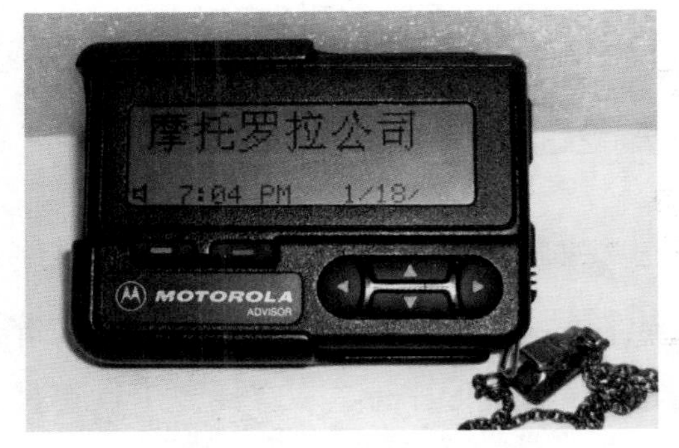

摩托罗拉 Advisor 型汉显寻呼机

1991 年 7 月 19 日，山东浪潮公司成功研发出全球第一部汉字寻呼机，并编制了“传呼通信用汉字信息表示及其编码字符集”，随后摩托罗拉、松下等企业均采用该标准生产汉显传呼机。

然而世界变化就是这么快，形势急转直下，寻呼机如昙花一现，很快就走向了衰落，它的衰落还可以归因于手机的发展。为什么？因为进入 2G 时代后，手机的价格开始大幅下降，寻呼机走向衰落已成必然。

2002 年，当时世界上最大的寻呼机生产厂商摩托罗拉公司停止生产和销售传统寻呼机。当年年底，中国寻呼机只剩 2500 万用户了。在短短几年里，寻呼机数量急剧下降，等到 2005 年左右，市场上已经难以看到寻呼机的身影。2007 年，国内最大的寻呼机运营商中国联通公司也正式停止了寻呼机的无线寻呼业务，这一举动宣告着寻呼机时代的结束。

从开通到退市，寻呼机在中国存在了 24 年。

即使在全球看，2018 年，日本最后一家寻呼机服务商宣布在 2019 年 9 月终止寻呼机服务，这意味着寻呼机正式成为历史，一些当时仍在使用寻呼机的小范围特殊行业，也在慢慢更换新的通信设备。

属于寻呼机的短暂辉煌过去了。

7. 2G时代：全球一体化

自 20 世纪 90 年代以来，以数字技术为主体的第二代移动通信系统得到了极大的发展。数字信号代替了模拟信号，在一定程度上解决了 1G 时代保密性差、容易受干扰等技术缺陷，同时也拓展了传输能力。从 2G 开始，手机不但可以收发短信，而且开始支持彩信、铃声等功能，甚至还实现了低速率的上网服务。诺基亚 7110 就是当时第一款支持 WAP 上网的手机，在那个时候诺基亚手机风靡一时。也就是在 2G 时代，诺基亚击败摩托罗拉，成为全球移动手机行业的霸主。

诺基亚 7110 手机

1G 时代，由于还没有统一的制式标准，想要实现跨国移动通信还是有些困难的。2G 时代，欧洲在 1991 年开通了全球移动通信系统（Global System for Mobile Communications，GSM），也就是我们常说的“全球通”。而美国在 2G 时代起步明显晚于欧洲。1995 年，美国的高通公司正式颁布了 CDMA（Code Division Multiple Access）制式标准，这些标准都对实现国际漫游、建立全球统一移动通信标准有着极为重要的推动作用。尤其是 GSM，被全球 100 多个国家采用，真正实现了“全球通”。而采用 CDMA 的国家要远远少于 GSM。

20 世纪 80 年代，欧洲存在多种互不兼容的地域性 1G 标准，难以满足欧洲各国家频繁的往来需求。因此，欧洲的商界和政界意识到必须尽快解决这个问题，同时也意识到技术标准会带来的巨大利益。欧洲联盟这一具有国际和地域背景的组织在 GSM 发展过程中发挥了巨大作用。

1995 年我国正式进入 2G 时代，我国采用以 GSM 为主、CDMA 为辅的制式标准。10 年之后，到 2005 年年底，我国手机用户数量快速发展到了近 4 亿户。

技术的进步使手机体积更小、质量更轻，可以被轻松地放在口袋里随身携带。腋下夹着“大哥大”、手拿“砖头”打电话已成了历史的画面。诺基亚正式开启了手机上网时代，也开启了一个属于自己的王朝。

在 2G 时代的后期，手机外观可谓是五花八门样式繁多：带有跑马灯的、翻盖的、滑盖的……很多人家的抽屉里，可能就有这样一台神奇的“古董机”作为那个时代的纪念。

8. 3G时代：开启新生活

3G，简单来说就是将移动通信与互联网相结合。进入 21 世纪后，随着互联网的发展，人们希望在手机上能够浏览更多的互联网信息，然而 2G 时代的上网速度显然远远无法满足人们的需求。3G 就是在这样的背景下应运而生，它将数据传输速率提高了一个数量级（理论下行传输速率可达 Mbit/s 级）。从此除了打电话、发短信，手机的网上冲浪功能愈发重要。

早在 2G 时代，在美国高通公司的 CDMA 与欧洲的 GSM 的角逐之中，有人看到了中国也必须发展自己的标准，不能总跟着国外标准走这一关键问题。在欧洲芬兰的诺基亚公司打败美国如日中天的摩托罗拉公司的例子中，制式标准就起到了相当分量的作用。

1994 年，原邮电部中国电信科学技术研究院副院长李世鹤了解到，之前在美国工作的陈卫和徐广涵成立了一家名为 Cwill 的公司，正在研究一种叫作 SCDMA 的通信技术。李世鹤随即作为中间人，将二人的工作介绍给了当时的邮电部。经过严格考证之后，1995 年在各方的共同努力下，SCDMA 被列入“九五”国家科技攻关计划，并得到国家总计 2500 万元的资助。这成为了中国 3G，乃至 4G 的基本雏形。1997 年 4 月，国际电信联盟向全世界发出了征集函，征集第三代移动通信技术（3G）。李世鹤提出在 SCDMA 技术的基础上引入时分同步码分多路访问（TD-SCDMA）技术。1998 年 6 月 30 日，TD-SCDMA 技术方案被送到国际电信联盟。

2000 年 5 月，国际电信联盟正式公布第三代移动通信标准，我国的 TD-SCDMA，与欧洲 WCDMA（宽带码分多路访问）、美国 CDMA2000（码分多路访问 2000）共同成为 3G 时代最主流的三大技术。

2008 年后，以苹果公司 iPhone 为代表的各种智能手机开始出现爆发式增长，属于移动互联网的时代大幕缓缓拉开。苹果公司的 iPhone 重新定义了人们对于手机的需求，手机不再只能用来通信，更重要的是可以用来娱乐。

2009 年 1 月 7 日，工业和信息化部为中国移动、中国电信、中国联通发放第三代移动通信（3G）牌照，中国正式进入 3G 时代。其实 3G 牌照原本计划在 2009 年全国人民代表大会以后发放，但 2008 年发生经济危机后，形势所迫，我国提前发放 3G 牌照属于短期应对措施。时任工业和信息化部部长李毅中后来回忆说：“当

2008 年 7 月 11 日，
第二代苹果 iPhone 3G 发售

时 3G 牌照发放本身的条件已经成熟，再加上一个特殊的因素，而且三大运营商都有自有资金，不需要银行贷款，拿出 2000 亿（元）的自有资金就可以拉动 6000 亿（元）的投入，这对应对危机能起重大作用，所以决定提前发放。”此后，我国开始进入大规模建设 3G 网络阶段。

同时，从手机市场来看，无论采用哪家公司的 3G 服务，都需要把原来的手机更换成 3G 手机。以小米、华为、三星、vivo、OPPO 为代表的各手机厂商开始崭露头角，纷纷推出研制的 3G 手机或者系统软件。诺基亚手机及它的塞班操作系统开始走向衰落，而红极一时的各山寨手机也几乎在一夜之间消失不见了。

9. 4G时代：移动互联网改变生活

人们对网速的需求是无止境的，而需求是推动技术进步最大的动力。在 3G 刚刚问世几年后，人们就已经不满足于只用手机浏览网页，或者在线观看清晰度不佳且时常卡顿的视频，人们希望体验的是“飞一般的感觉”。在 3G 牌照发放仅仅 4 年多后，2013 年 12 月 4 日，我国工业和信息化部正式向三大运营商发放了 4G 牌照。而当年从 2G 到 3G 的转变可用了十几年的时间。移动通信的更新换代被按下了加速键。

相较于之前的 3G，4G 最大的优势就是显著提升了通信速度，让用户有了更佳的使用体验，同时这也推动了我国通信技术的发展。2012 年 1 月 18 日，由我国主导、有核心基础专利的移动通信技术 TD-LTE-Advanced 被国际电信联盟确定为 4G 国际标准，正式成为两大 4G 国际标准之一（另一个标准为 FDD-LTE)，这是继 TD-SCDMA 之后，我国新一代移动通信技术获得国际通信产业界广泛支持和认可的有力支撑，对引领和推动 4G 技术和产业发展具有重大现实意义。同时，它标志着我国在移动通信标准制定领域首次与国外标准并驾齐驱，使我国在移动通信标准这一行业的最高领域实现了从“追赶”到“同行”的重大跨越。就在 2014 年，全国移动电话用户达 12.86 亿户，普及率达 94.5 部 / 百人，其中北京、上海、江苏等 10 省区市普及率更是超过了 100 部 / 百人。

按照 4G 标准，数据传输速率可以达到 100Mbit/s，整体上可以比 3G 快 50 倍。有人曾这样比较 3G 和 4G 的网速，3G 的网速相当于“高速公路汽车”，4G 的网速相当于“磁悬浮列车”。

从严格意义上说，4G 手机已不能简单划入电话机的范畴，毕竟语音资料的传输只是 4G 手机的功能之一而已，而 4G 手机更应该算得上是一台小型计算机了。随着 4G 网络逐渐覆盖全国，越来越多的、功能愈发强大的移动软件和移动应用相继问世，移动互联网、物联网等业务应用借助 4G 的到来实现了快速发展，使每个人能够更加自由地享受信息时代的美好生活。

与此同时，人与人之间的沟通联系也随之发生了巨大变化，4G 以惊人的方式极大地改变了我们的生活方式，也深刻改变了我们生活的时代。

在我们所处的时代，各类短视频火了，在线打游戏更流畅了，用现金的人越来越少了。我们在手机上买东西、订火车票、订外卖，我们用手机打车、转账、上网……我们已经离不开手机了。4G 技术为我们带来了一个缤纷多彩的世界，移动互联网时代真正到来了。

10. 5G时代：万物互联

如果说 4G 改变了生活，那么 5G 改变的是人类社会。与 4G 由用户驱动不一样，5G 的发展是一场移动通信自身发起的革命。5G 也不仅仅是比 4G 多了“1G”那么简单。

5G 是个综合性的大工程，国际电信联盟在定义 5G 标准时，不再像过去那样只定义网速，而是提出了 5G 的三大应用场景。一是高速率：其数据传输速率峰值将达 20Gbit/s，这就特别适用于 3D 视频、VR 等大数据的传输。二是广连接：通过各类传感器和终端，我们可以将身边的一切事物进行连接，从而实现万物互联。三是低时延：5G 的响应速度将降至毫秒级，为自动驾驶、远程手术等的实现提供技术支撑。

从 1G 到 4G，移动通信的核心是人与人之间的通信。5G 作为一种新型移动通信网络，不仅要解决人与人的通信，为用户提供增强现实、虚拟现实、超高清（3D）视频等更加身临其境的极致业务体验，更要解决人与物、物与物的通信问题，满足移动医疗、车联网、工业控制等物联网应用需求。在 4G 时代，我们基本上已经实现了人手一部手机，面向一般消费者的市场已呈现饱和。因此，5G 需要渗透到经济社会的各行业各领域，成为支撑经济社会数字化、网络化、智能化转型的关键新型基础设施。

目前，很多人感觉 4G 的网速已经能够很好地满足人们的基本生活需求了，因此感觉不到 5G 带来的变化。而一些新的商业模式只有通过 5G 的支持才能实现每个使用场景的内在价值，如最近大火的元宇宙。元宇宙是一个与现实世界交融的虚拟世界。以 5G 为代表的新一代移动通信技术凭借其大带宽、低时延、高可靠、广连接的特性，以及与增强现实、云计算等前沿技术的交汇融合，成为元宇宙的基础设施。又比如自动驾驶，5G 技术的低时延特性为自动驾驶汽车带来了更高的精确性和稳定性。自动驾驶汽车需要实时感知和分析周围环境，做出相应的决策和操作。而 5G 网络的低时延可以确保数据的实时传输，使自动驾驶汽车能够更准确地感知和理解周围的道路和交通情况，这样一来，自动驾驶汽车就能够更加稳定地行驶，并且能够更好地应对突发状况，提高行车的安全性。

2019 年 6 月 6 日，工业和信息化部正式向中国电信、中国移动、中国联通、中国广电发放 5G 商用牌照，中国正式进入 5G 商用元年。对中国而言，3G 是跟随，4G 是并进，5G 则是领跑。目前，中国运营商部署了全球最大的 5G 独立组网网络，截至 2023 年 5 月底，我国已累计建成 5G 基站 284.4 万个，覆盖所有地级市城区和县城城区，5G 移动电话用户数量达 6.51 亿户，占移动电话用户的 38.1%。移动物联网终端用户超过 20.5 亿户，在全球主要经济体中率先实现"物"连接数超过"人"连接数。建成 5G 行业虚拟专网超过 1.6 万个，有效满足垂直企业对数据本地化、管理自主化等个性化需求。我国运营商在 10 年内实现了 3G—4G—5G 三代通信标准的变更，我国通信技术正式在 5G 时代实现超越，处于国际领先地位。

在手机方面，无线充电、折叠屏、卷屏等技术使我们的手机越来越炫酷，手机芯片、存储、照相、指纹识别等功能不断更新换代，人工智能（AI）与手机高度融合，不断满足人们对手机提出的更新、更高的要求。

目前，5G 的标准还没有完全制定完毕，与以往历代移动通信技术标准不同，5G 并非一蹴而就，而是在不断演化、不断升级、不断完善，无论功能性还是应用性，都在持续扩展。5G 本身也有很多的技术问题需要解决。但可以预见的是，即将到来的 5G 时代将引领整个社会的改变。

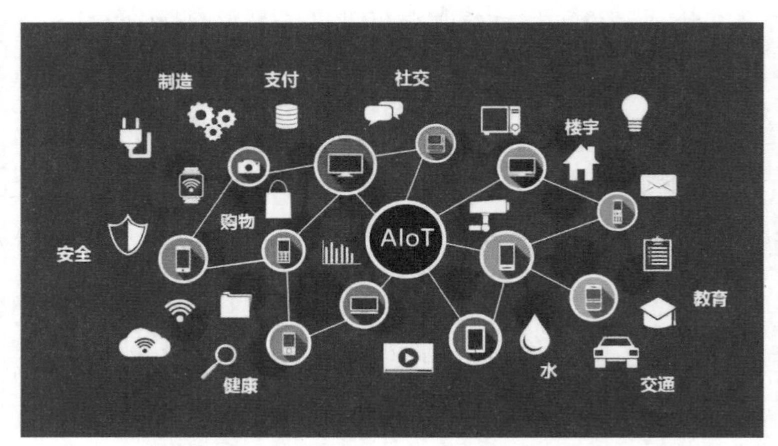

AIoT（人工智能物联网）=AI（人工智能）+IoT（物联网）

11. 6G时代：未来可期

虽然 5G 网络的全球部署仍在进行中，但是众所周知，不仅是我国，全球很多发达国家已经开始了 6G 技术的研发，展望 6G 及其潜在优势。目前，6G 的发展还没有步入制定标准的阶段，6G 到底是什么、它的具体应用方向是什么等许多问题也还处在探索阶段，但这些并不妨碍我们对 6G 的期待。

2023 年 6 月，国际电信联盟通过了《IMT 面向 2030 及未来发展的框架和总体目标建议书》（以下简称“《建议书》”），《建议书》汇聚了全球 6G 愿景共识，描绘了 6G 目标与趋势，提出了 6G 的典型场景及能力指标体系。6G 将在 5G 原有的三大应用场景的基础上进行增强和扩展，包含沉浸式通信、超大规模连接、极高可靠低时延、人工智能与通信融合、感知与通信融合、泛在连接等六大场景。未来 6G 将全面支持以人为中心的沉浸式交互体验、高效可靠的物联网场景，其服务范围将扩展至全球立体覆盖。研究界普遍认为第一个 6G 标准版本将在 2030 年左右完成，6G 也将会在 2030 年开启商用。

几代移动通信进步的特点都是更高的网速与更低的时延。未来，6G 时代数据传输速率可能将会达到 100Gbit/s，达到 5G 的 5 倍；时延将会缩小到微秒级，短到 5G 的千分之一；使用高于 275GHz 频段的太赫兹（THz）频段；单信道带宽达到 1GHz（5G 单信道带宽为 100MHz）。

目前 5G 使用最高的是毫米波频段，未来随着芯片或者物理技术的成熟，6G 可能进入太赫兹频段，通信行业正在积极开拓尚未开发的太赫兹频段。太赫兹频段是 100GHz~10THz，是一个比 5G 频率高出许多的频段。从 1G 的频率（0.9GHz）到 4G 的频率（1.8GHz 以上）、5G 的频率（2.5~3.7GHz），我们使用的无线电的频率在不断升高。因为频率越高，允许分配的带宽范围越大，单位时间内所能传递的数据量就越大，也就是我们通常说的“网速变快了”。

另外还有很重要的一点是通信范围的扩大，6G 将通过地面无线设备与卫星进行数据、信号传输，从而将网络覆盖到全球的各个角落。从 1G 到 5G，移动通信网络覆盖主要依靠增加基站实现。但是目前全球现有的移动通信网络只覆盖了陆地表面的 20%、地球总面积的 6%。对于未实现信号覆盖的地域，使用地面基站的方案并不可行，一方面由于人口稀少，建设基站缺乏经济性，另一方面在海洋、森林、沙漠等地区受地形限制，无法建设基站。6G 所具备的卫星网络将会极大地增强联网设备的传输能力，即使是偏远的山村、海底等复杂环境也能接收到信号，对于偏远地区的建设具有重要的实用价值。此外，在卫星定位系统、电信卫星系统、地球图像卫星系统和 6G 地面网络的联动支持下，地空全覆盖网络还能帮助人类预测天气、快速应对灾害等。

以上这些是我们对未来 6G 的展望，全球各国都在为 6G 的发展做各种各样的技术准备。

2018 年 9 月 1 日，欧洲联盟已启动为期 3 年的 6G 基础技术研究项目，主要任务是研究可用于 6G 通信网络的下一代前向纠错编码技术、高级信道编码及信道调制技术。此前，由芬兰政府资助的芬兰科学院宣布启动了“6Genesis”，这是一项为期 8 年的项目，预计投入资金约为 2.5 亿欧元，其任务是研究包括 6G 网络的无线通信技术。近年，日本、美国、韩国等也相继发布了 6G 计划。

2023 年 5 月，我国工业和信息化部发布了新版《中华人民共和国无线电频率划分规定》，在社会中引起了广泛关注，因为其中明确了我国率先在全球将 6GHz（6425~7125MHz）全部或部分频段划分用于 5G/6G 系统。

6G 真的要来了，未来可期，让我们一起见证 6G 的到来吧！

12. 回顾与展望

50 年前，当第一部移动电话打通之时，谁也想象不到移动通信技术的发展会这样迅猛。再往前推一点，距离 1895 年马可尼和波波夫发明无线电报已经近 130 年了。人类对科学技术的追求从未停止。技术的更新迭代是推动社会进步的重要力量，一代代的通信技术一直在不断满足人们新的需求和愿望，也在推动人类社会的发展，使我们的生活更美好。

未来是否还会有 7G、8G……我想一定会有的。它们的样子也许是我们这代人很难想象的，但它们终归会到来的。

本章主要参考文献

[1] 周圣君 . 通信简史 [M]. 北京 : 人民邮电出版社 , 2022.

[2] 丁奇 , 阳桢 . 大话移动通信 [M]. 北京 : 人民邮电出版社 , 2011.

[3] 王天赐 , 张强 , 张琳 . 通信网络从 1G 到 5G 的技术革新 [J]. 电子世界 , 2019(5): 27−28.

[4] 你可能不相信，70 多年前就有“手机”了！移动式步话机 SCR−536[EB]. 2020−11−20.

[5] 中国通讯发展史（三）寻呼机 [EB]. 2020−3−24.

[6] 得手机者，得天下 [EB]. 2017−6−12.

[7] 2G 往事 : 围剿 CDMA 与中国崛起 [EB]. 2021−3−23.

[8] 无线对讲系统 0G 的崛起 [EB]. 2019−4−11.

[9] 十大潜在关键技术方向“6G”让万物智联成为可能 [EB]. 2021−6−20.